METHODE

DE

NOMENCLATURE

CHIMIQUE.

MÉTHODE

DE

NOMENCLATURE

CHIMIQUE,

Proposée par MM. DE MORVEAU, LAVOISIER, BERTHOLET, & DE FOURCROY.

ON Y A JOINT

Un nouveau Systême de Caractères Chimiques, adaptés à cette Nomenclature, par MM. HASSENFRATZ & ADET.

A PARIS,

Chez CUCHET, Libraire, rue & hôtel Serpente.

M. DCC. LXXXVII.

Sous le Privilége de l'Académie des Sciences.

NOMENCLATURE
CHIMIQUE.

MÉMOIRE

Sur la nécessité de réformer & de perfectionner la nomenclature de la Chimie, lu à l'Assemblée publique de l'Académie Royale des Sciences du 18 Avril 1787;

Par M. LAVOISIER.

LE travail que nous présentons à l'Académie a été entrepris en commun par M. de Morveau, par M. Bertholet, par M. de Fourcroy & par moi : il est le résultat d'un grand nombre de conférences, dans lesquelles nous avons été

A

aidés des lumières & des conseils d'une partie des géomètres de l'Académie & de plusieurs chimistes.

Long-temps avant que les découvertes modernes eussent donné à la chimie une forme pour ainsi dire nouvelle , les savans qui la cultivoient avoient reconnu la nécessité d'en modifier la nomenclature. M. Macquer & M. Baumé s'en étoient occupés avec beaucoup de succès dans les leçons qu'ils ont données pendant plusieurs années & dans les ouvrages qu'ils ont publiés. C'est à eux qu'on doit principalement d'avoir désigné les sels métalliques par le nom de l'acide & par celui du métal qui entrent dans leur composition ; d'avoir classé sous le nom de *vitriols* tous les sels résultans de la dissolution d'une substance métallique par l'acide vitriolique ; sous le nom de *nitres* tous les sels dans lesquels entre l'acide nitreux. Depuis M. Bergman , M. Bucquet & M. de Fourcroy ont étendu plus loin l'application des mêmes

principes ; & la nomenclature de la chimie a acquis , entre leurs mains , des
degrés fuccelfifs de perfection.

Mais aucun chimifte n'avoit conçu un
plan d'une aulfi vafte étendue que celui
dont M. de Morveau a préfenté le tableau
en 1782. Il avoit pris dès-lors l'engage-
ment de rédiger la partie chimique de
l'Encyclopédie méthodique. Deftiné à porter , en quelque façon , la parole , au
nom des chimiftes françois, & dans un
ouvrage national , il ne s'étoit pas dif-
fimulé qu'il ne fuffifoit pas de créer une
langue , qu'il falloit encore qu'elle fût
adoptée , & qu'il n'y avoit que la conven-
tion qui pût fixer la valeur des termes.
Il crut donc , qu'avant de fe livrer à l'entreprife pénible dont il s'étoit chargé , il
étoit néceffaire de preffentir les chimiftes
françois ; de développer à leurs yeux les
principes généraux qui devoient lui fervir de guide ; de leur préfenter des tableaux de la nomenclature méthodique
qu'il fe propofoit d'adopter , & de leur

demander une forte de confentement au moins tacite. Son mémoire fut publié alors dans le Journal de Phyſique, & il eut la modeſtie de folliciter , non les ſuffrages , mais les objections de tous ceux qui cultivoient la chimie.

Quelque près que M. de Morveau eût approché du but dans cette premiere tentative, il ne l'avoit pas encore atteint. Il a bien ſenti lui-même , que, dans une ſcience qui eſt, en quelque façon, dans un état de mobilité, qui marche à grands pas vers ſa perfection , dans laquelle des théories nouvelles ſe ſont élevées , il étoit d'une extrême difficulté de former une langue qui convînt aux diffé-rens ſyſtêmes & qui ſatisfît à toutes les opinions ſans en adopter excluſivement aucune.

Pour s'affermir dans ſa marche, M. de Morveau a deſiré de s'appuyer des con-ſeils de quelques-uns des chimiſtes de l'Académie : il a fait cette année un voyage à Paris dans ce deſſein ; il a offert le

sacrifice de ses propres idées, de son propre travail ; & l'amour de la propriété
littéraire a cédé chez lui à l'amour de la
science. Dans les conférences qui se sont
établies, nous avons cherché à nous pé-
nétrer tous du même esprit ; nous avons
oublié ce qui avoit été fait, ce que nous
avions fait nous-mêmes , pour ne voir
que ce qu'il y avoit à faire ; & ce n'est
qu'après avoir passé plusieurs fois en re-
vue toutes les parties de la chimie, après
avoir profondément médité sur la méta-
physique des langues, & sur le rapport
des idées avec les mots, que nous avons
hasardé de nous former un plan.

Nous parviendrions difficilement à in-
téresser l'assemblée qui nous écoute, si
nous entreprenions d'énoncer & de dis-
cuter les mots techniques que nous avons
adoptés : ces détails seront l'objet d'un
second mémoire, que M. de Morveau
s'est chargé de rédiger, & nous le réser-
vons pour nos séances particulières. Nous
nous bornerons à entretenir , dans ce

A iij

moment , l'Académie des vues générales qui nous ont dirigés, de l'efpèce de métaphyfique qui nous a guidés : les principes une fois pofés , il ne nous reftera plus qu'à en faire des applications , à préfenter des tableaux , & à y joindre des explications fommaires : ces tableaux demeureront expofés, tout le temps qui fera jugé néceffaire , dans la falle de l'Académie , afin que chacun puiffe en prendre une connoiffance approfondie ; que nous puiffions recueillir des avis & perfectionner notre travail par la difcuffion.

Les langues n'ont pas feulement pour objet , comme on le croit communément , d'exprimer par des fignes , des idées & des images : ce font, de plus , de véritables méthodes analytiques , à l'aide defquelles nous procédons du connu à l'inconnu , & jufqu'à un certain point à la manière des mathématiciens : effayons de développer cette idée.

L'algèbre eft la méthode analytique par excellence : elle a été imaginée pour faciliter les opérations de l'efprit, pour abréger la marche du raifonnement, pour refferrer, dans un petit nombre de lignes, ce qui auroit exigé un grand nombre de pages de difcuffion ; enfin , pour conduire d'une manière plus commode, plus prompte & plus sûre à la folution de queftions très-compliquées. Mais un inftant de réflexions fait aifément appercevoir que l'algèbre eft une véritable langue : comme toutes les langues, elle a fes fignes repréfentatifs, fa méthode, fa grammaire, s'il eft permis de fe fervir de cette expreffion : ainfi une méthode analytique eft une langue ; une langue eft une méthode analytique , & ces deux expreffions font, dans un certain fens, fynonimes.

Cette vérité a été développée avec infiniment de juftefse & de clarté dans la Logique de l'abbé de Condillac, ouvrage que les jeunes gens qui fe deftinent aux fciences ne fauroient trop lire , & dont nous ne pouvons nous difpenfer d'emprunter quelques idées. Il y a fait voir

A iv

comment on pouvoit traduire le langage algébrique en langage vulgaire & réciproquement ; comment la marche de l'esprit étoit la même dans les deux cas ; comment l'art de raisonner étoit l'art d'analyser.

Mais si les langues font de véritables instrumens que les hommes se font formés pour faciliter les opérations de leur esprit, il est important que ces instrumens soient les meilleurs qu'il est possible, & c'est travailler véritablement à l'avancement des sciences que de s'attacher à les perfectionner.

C'est sur-tout pour ceux qui commencent à se livrer à l'étude d'une science, que la perfection de son langage est importante : on en sera convaincu, si l'on veut réfléchir un moment sur la manière dont s'acquièrent nos connoissances.

Dans notre première enfance nos idées viennent de nos besoins ; la sensation de nos besoins fait naître l'idée des objets propres à les satisfaire, & insensiblement, par une suite de sensations, d'observa-

tions & d'analyfes, il fe forme une génération fucceffive d'idées , toutes liées
les unes aux autres , dont un obfervateur
attentif peut même , jufqu'à un certain
point , retrouver le fil & l'enchaînement,
& qui conftituent l'enfemble de ce que
nous favons.

Lorfque nous nous livrons, pour la
première fois à l'étude d'une fcience ,
nous fommes, par rapport à cette fcience,
dans un état très-analogue à celui dans
lequel font les enfans , & la marche que
nous avons à fuivre eft précifément celle
que fuit la nature dans la formation de
leurs idées. De même que dans l'enfant ,
l'idée eft une fuite, un effet de la fenfation ; que c'eft la fenfation qui fait naître
l'idée ; de même auffi, pour celui qui
commence à fe livrer à l'étude des fciences phyfiques, les idées ne doivent être
qu'une conféquence immédiate d'une expérience ou d'une obfervation.

Qu'il nous foit permis d'ajouter que
celui qui entre dans la carrière des fciences

est, par rapport à ces sciences, dans une situation moins avantageuse même que l'enfant qui acquiert ses premières idées. Si celui-ci s'est trompé sur les effets salutaires ou nuisibles des objets qui l'environnent, la nature lui donne des moyens multipliés de se rectifier. A chaque instant le jugement qu'il a porté se trouve redressé par l'expérience. La privation ou la douleur viennent à la suite d'un jugement faux, la jouissance & le plaisir à la suite d'un jugement juste. Avec de tels maîtres on devient bientôt conséquent, & il faut bien s'accoutumer à raisonner juste, quand on ne peut raisonner autrement, sous peine de souffrir.

Il n'en est pas de même dans l'étude & dans la pratique des sciences : les faux jugemens que nous portons n'intéressent ni notre existence, ni notre bien-êt re aucun intérêt physique ne nous oblige de nous rectifier ; l'imagination au contraire, qui tend à nous porter continuellement au-delà du vrai, la confiance en nous-

mêmes, qui touche de si près à l'amour-
propre, nous follicitent à tirer des confé-
quences qui ne dérivent pas immédiate-
ment des faits : il n'est donc pas étonnant
que, dans des temps très-voisins du ber-
ceau de la chimie, on ait supposé au lieu
de conclure ; que les suppositions transf-
mises d'âge en âge se soient transformées
en préjugés ; & que ces préjugés ayent
été adoptés & regardés comme des vérités fondamentales, même par de très-bons
esprits.

Le seul moyen de prévenir ces écarts,
consiste à supprimer, ou au moins à simplifier, autant qu'il est possible, le raisonnement qui est de nous, & qui peut seul
nous égarer, à le mettre continuellement
à l'épreuve de l'expérience ; à ne conserver que les faits qui sont des vérités données par la nature, & qui ne peuvent
nous tromper ; à ne chercher la vérité
que dans l'enchaînement des expériences
& des observations, sur-tout dans l'ordre
dans lequel elles sont présentées, de la

même manière que les mathématiciens
parviennent à la solution d'un problême
par le simple arrangement des données,
& en réduifant le raifonnement à des
opérations fi fimples, à des jugemens fi
courts, qu'ils ne perdent jamais de vue
l'évidence qui leur fert de guide.

Cette méthode qu'il eft fi important
d'introduire dans l'étude & dans l'enfei-
gnement de la chimie, eft étroitement
liée à la réforme de fa nomenclature :
une langue bien faite, une langue dans
laquelle on aura faifi l'ordre fucceffif &
naturel des idées, entraînera une révolu-
tion néceffaire & même prompte dans
la manière d'enfeigner ; elle ne permet-
tra pas à-ceux qui profefferont la chimie
de s'écarter de la marche de la nature ;
il faudra ou rejetter la nomenclature, ou
fuivre irréfiftiblement la route qu'elle aura
marquée. C'eft ainfi que la logique des
fciences tient effentiellement à leur langue, & quoique cette vérité ne foit pas
neuve, quoiqu'elle ait été déjà annoncée,

comme elle n'eſt pas ſuffiſamment répan-
due , nous avons cru néceſſaire de la
retracer ici.

Si après avoir conſidéré les langues
comme des méthodes analytiques , nous
les conſidérons ſimplement comme une
collection de ſignes repréſentatifs , elles
nous préſenteront des obſervations d'un
autre genre. Nous aurons , ſous ce ſecond point de vue , trois choſes à diſtin-
tinguer dans toute ſcience phyſique. La
ſérie des faits qui conſtitue la ſcience ;
les idées qui rappellent les faits ; les mots
qui les expriment. Le mot doit faire naître
l'idée ; l'idée doit peindre le fait : ce
ſont trois empreintes d'un même cachet,
& comme ce ſont les mots qui conſervent
les idées & qui les tranſmettent , il en
réſulte qu'il ſeroit impoſſible de perfectionner la ſcience, ſi on n'en perfectionnoit le
langage, & que quelque vrais que fuſſent
les faits, quelque juſtes que fuſſent les idées
qu'ils auroient fait naître , ils ne tranſ-
mettroient encore que des impreſſions

fauffes, fi on n'avoit pas des expreffions exactes pour les rendre. La perfection de la nomenclature de la chimie, envifagée fous ce rapport, confifte à rendre les idées & les faits dans leur exacte vérité, fans rien fupprimer de ce qu'ils préfentent, fur-tout fans y rien ajouter : elle ne doit être qu'un miroir fidèle; car, nous ne faurions trop le répéter, ce n'eft jamais la nature ni les faits qu'elle préfente, mais notre raifonnement qui nous trompe.

On fent affez, fans que nous foyons obligés d'infifter fur les preuves, que la langue de la chimie, telle qu'elle exifte aujourd'hui, n'a point été formée d'après ces principes ; & comment auroit-elle pu l'être dans des fiècles où la marche de la phyfique expérimentale n'étoit point encore connue ; où l'on donnoit tout à l'imagination, prefque rien à l'obfervation; où l'on ignoroit jufqu'à la méthode d'étudier ?

Une partie d'ailleurs des expreffions

dont on se sert en chimie, y a été introduite par les alchimistes : il leur auroit été difficile de transmettre à leurs lecteurs, ce qu'ils n'avoient pas eux-mêmes, des idées justes & vraies. De plus leur objet n'étoit pas toujours de se faire entendre. Ils se servoient d'un langage énigmatique qui leur étoit particulier, qui, le plus souvent, présentoit un sens pour les adeptes, un autre sens pour le vulgaire, & qui n'avoit rien d'exact & de clair, ni pour les uns, ni pour les autres. C'est ainsi que l'huile, le mercure, l'eau elle-même des philosophes n'étoient ni l'huile, ni le mercure, ni l'eau dans le sens que nous y attachons. L'*homo galeatus*, l'homme armé, désignoit une cucurbite garnie de son chapiteau ; la tête de mort, un chapiteau d'alembic ; le pélican exprimoit un vaisseau distillatoire ; le *caput mortuum*, la terre damnée, signifioit le résidu d'une distillation.

Une autre classe de savans, qui n'ont pas beaucoup moins défiguré le langage

de la chimie, font les chimiftes fyftéma-
tiques. Ils ont rayé du nombre des faits
ce qui ne cadroit pas avec leurs idées : ils
ont, en quelque façon, dénaturé ceux
qu'ils ont bien voulu conferver ; ils les
ont accompagnés d'un appareil de raifonnement, qui fait perdre de vue le fait
en lui-même ; en forte que la fcience n'eft
plus entre leurs mains que l'édifice élevé
par leur imagination.

Il eft temps de débarraffer la chimie
des obftacles de toute efpèce qui retar-
dent fes progrès ; d'y introduire un véritable efprit d'analyfe, & nous avons fuffifamment établi que c'étoit par le per-
fectionnement du langage que cette réforme devoit être opérée. Nous fommes
bien éloignés fans doute de connoître tout
l'enfemble, toutes les parties de la fcience ;
on doit donc s'attendre qu'une nomenclature nouvelle, avec quelque foin qu'elle
foit faite, fera loin de fon état de perfection ; mais pourvu qu'elle ait été entreprife fur de bons principes ; pourvu que
ce

ce foit une méthode de nommer, plutôt qu'une nomenclature, elle s'adaptera na-turellement aux travaux qui feront faits dans la fuite ; elle marquera d'avance la place & le nom des nouvelles fubftances qui pourront être découvertes , & elle n'exigera que quelques réformes locales & particulières.

Nous ferions en contradiction avec tout ce que nous venons d'expofer , fi nous nous livrions à de grandes difcuf-fions fur les principes conftituans des corps & fur leurs molécules élémentaires. Nous nous contenterons de regarder ici comme fimples toutes les fubftances que nous ne pouvons pas décompofer ; tout ce que nous obtenons en dernier réfultat par l'a-nalyfe chimique. Sans doute un jour ces fubftances, qui font fimples pour nous , feront décompofées à leur tour, & nous touchons probablement à cette époque pour la terre filiceufe & pour les alkalis fixes ; mais notre imagination n'a pas dû devancer les faits , & nous n'avons pas dû en dire plus que la nature ne nous en apprend.

Ce font ces fubftances, que nous appellons fans doute improprement fubftances fimples, que nous avons cru devoir nommer les premières : la plupart portent déjà des noms dans l'ufage de la fociété ; & , à moins que nous n'y ayons été forcés par des motifs très-déterminans, nous nous fommes fait une loi de les conferver. Mais lorfque ces noms entraînoient des idées évidemment fauffes, lorfqu'ils pouvoient faire confondre ces fubftances avec celles qui font douées de propriétés différentes ou oppofées, nous nous fommes permis d'en fubftituer d'autres que nous avons le plus fouvent empruntés du grec. Nous avons fait en forte d'exprimer par ces nouveaux noms la propriété la plus générale, la plus caractériftique du corps qu'ils défignoient. Nous y avons trouvé deux avantages ; le premier de foulager la mémoire des commençans, qui retiennent difficile-

ment un mot nouveau, lorfqu'il eſt ab-
ſolument vide de ſens ; le ſecond de les
accoutumer de bonne heure à n'admettre
aucun mot ſans y attacher une idée.

A l'égard des corps qui ſont compoſés
de deux ſubſtances ſimples, comme leur
nombre eſt déjà fort conſidérable, il étoit
indiſpenſable de les claſſer. Dans l'ordre
naturel des idées, le nom de claſſe & de
genre eſt celui qui rappelle les propriétés
communes à un grand nombre d'individus ;
celui d'eſpèce eſt celui qui ramène l'idée
aux propriétés particulières de quelques
individus. Cette logique naturelle appartient à toutes les ſciences ; nous avons
cherché à l'appliquer à la chimie.

Les acides, par exemple, ſont compoſés de deux ſubſtances de l'ordre de
celles que nous regardons comme ſimples,
l'une qui conſtitue l'acidité & qui eſt commune à tous ; c'eſt de cette ſubſtance que
doit être emprunté le nom de claſſe ou
de genre : l'autre qui eſt propre à chaque
acide, qui eſt différente pour chacun,

B ij

qui les différencie les uns des autres, &
c'est de cette substance que doit être emprunté le nom spécifique.

Mais, dans la plupart des acides, les
deux principes constituans, le principe
acidifiant & le principe acidifié, peuvent
exister dans des proportions différentes qui
constituent également des points d'équili-
bre ou de saturation, c'est ce qu'on observe dans l'acide vitriolique & dans l'a-
cide sulfureux ; nous avons exprimé ces
deux états du même acide, en faisant varier la terminaison du nom spécifique.

Les chaux métalliques sont composées
d'un principe qui est commun à toutes,
& d'un principe particulier propre à chacune : nous avons dû également les classer
sous un nom générique, dérivé du principe commun & les différencier les unes
des autres, par le nom particulier du métal auquel elles appartiennent.

Les substances combustibles, qui, dans
les acides & dans les chaux métalliques,
font un principe spécifique & particu-

lier , font fufceptibles de devenir à leur
tour un principe commun à un grand
nombre de combinaifons. Les foies de
foufre , & toutes les combinaifons ful-
fureufes , ont été long-temps les feuls
connus en ce genre : on fait aujourd'hui
que le charbon fe combine avec le fer ,
& peut-être avec plufieurs autres métaux ;
qu'il en réfulte , fuivant les proportions,
de l'acier , de la plombagine , &c. Nous
avons encore raffemblé ces différentes
combinaifons fous des noms génériques,
dérivés de celui de la fubftance commune,
avec une terminaifon qui rappelle cette
analogie , & nous les avons fpécifiées par
un autre nom dérivé de leur fubftance
propre.

La nomenclature des êtres compofés
de trois fubftances fimples préfentoit un
peu plus de difficultés , en raifon de leur
nombre , & fur-tout parce qu'on ne peut
exprimer la nature de leurs principes conftituans , fans employer des noms plus
compofés. Nous avons eu à confidérer

B iij

dans les corps qui forment cette claſſe
tels que les ſels neutres, par exemple,
1°. le principe acidifiant qui eſt commun
à tous ; 2°. le principe acidifiable qui conſtitue leur acide propre ; 3°. la baſe ſaline
terreuſe & métallique qui détermine l'eſpèce particulière de ſel. Nous avons emprunté le nom de chaque claſſe de ſel de
celui du principe acidifiable commun à
tous les individus de la claſſe, nous avons
enſuite diſtingué chaque eſpèce par le nom
de la baſe ſaline terreuſe ou métallique
qui lui eſt particulière.

Un ſel, quoique compoſé des trois
mêmes principes, peut être cependant
dans des états très-différens, par la ſeule
différence de leur proportion. Le ſel ſulfureux de Stalh, le tartre vitriolé, le
tartre vitriolé avec excès d'acide, ſont trois
ſels, dont les propriétés ne ſont pas les
mêmes, & cependant ils ſont tous trois
compoſés de ſoufre, de principe acidifiant & d'alkali fixe. La nomenclature que
nous propoſons auroit été défectueuſe ,

ſi elle n'eût pas exprimé ces différens états,
& nous y ſommes principalement parvenus par des changemens de terminaiſons
que nous avons rendues uniformes pour
un même état des différens ſels (1).

Enfin nous ſommes arrivés au point
que par le mot ſeul, on reconnoît ſur-
le-champ quelle eſt la ſubſtance combuſ-
tible qui entre dans la combinaiſon dont
il eſt queſtion ; ſi cette ſubſtance com-
buſtible eſt combinée avec le principe
acidifiant, & dans quelle proportion ; dans
quel état eſt cet acide, à quelle baſe il
eſt uni ; s'il y a ſaturation exacte ; ſi c'eſt
l'acide ou bien ſi c'eſt la baſe qui eſt en
excès.

On conçoit que nous n'avons pu remplir ces différens objets, ſans bleſſer ſou-
vent les uſages reçus, & ſans adopter
des dénominations qui paroîtront dures
& barbares dans le premier moment ;

____

(1) Ces détails ſe trouveront développés dans le Mémoire
de M. de Morveau, imprimé à la ſuite de celui-ci.

mais nous avons obfervé que l'oreille
s'accoutumoit promptement aux mots nouveaux ; fur-tout lorfqu'ils fe trouvent liés
à un fyftême général & raifonné. Les
noms au furplus qui font actuellement
en ufage , tels que ceux de *Poudre d'Algaroth*, de *fel Alembroth*, de *Pompholix*,
d'*Eau phagédénique* , de *turbith minéral* ,
d'*éthiops*, de *colcothar*, & beaucoup d'au-
tes ne font ni moins durs, ni moins ex-
traordinaires ; il faut une grande habitude
& beaucoup de mémoire pour fe rappeller les fubftances qu'ils expriment , &
fur-tout pour reconnoître à quel genre
de combinaifon ils appartiennent. Les
noms d'*huile de tartre par défaillance* ,
d'*huile de vitriol* , de *beurres d'arfenic* &
d'*antimoine*, de *fleurs de zinc* , &c. font
plus ridicules encore, parce qu'ils font
naître des idées fauffes ; parce qu'il n'exifte,
à proprement parler, dans le regne minéral , & fur-tout dans le règne métallique, ni beurre , ni huile , ni fleurs ; enfin
parce que les fubftances qu'on défigne fous

ces noms trompeurs , ſont la plupart de violens poiſons.

Nous pardonnera-t-on d'avoir changé la langue que nos maîtres ont parlée , qu'ils ont illuſtrée , & qu'ils nous ont tranſmiſe ? Nous l'eſpérons d'autant plus, que c'eſt Bergman & Macquer qui ont ſollicité cette réforme. Le ſavant profeſſeur d'Upſal , M. Bergman , écrivoit à M. de Morveau , dans les derniers temps de ſa vie , *ne faites grace à aucune dénomination impropre. Ceux qui ſavent déjà entendront toujours ; ceux qui ne ſavent pas encore entendront plutôt.* Appellés à cultiver le champ qui a produit pour ces chimiſtes de ſi abondantes récoltes , nous avons regardé comme un devoir de remplir le dernier vœu qu'ils ont formé.

MÉMOIRE

Sur le développement des principes de la Nomenclature méthodique, lu à l'Académie, le 2 Mai 1787;

Par M. DE MORVEAU.

LES principes dont le mémoire de M. Lavoifier contient l'expofition générale, fuffifent fans doute pour juftifier le projet que nous avons conçu de réformer la nomenclature de la chimie; ils nous ont paru porter le caractère d'évidence qui ne peut manquer de réunir les fuffrages, & il femble qu'après cela nous n'ayons plus qu'à préfenter à l'Académie le réfultat du travail fait en commun ou le vocabulaire rédigé fur ces principes; mais nous avons penfé que nous devions encore rendre compte des raifons qui en ont déterminé l'application, & même motiver le choix des principales déno-

minations ; qu'il importoit fur-tout au
fuccès de cette entreprife de raffurer fur
les difficultés de retenir & d'entendre des
mots nouveaux, en réduifant à un feul
tableau tout le fyftême, tous les exemples néceffaires pour la formation des
noms compofés ; qu'il falloit enfin y
joindre la traduction latine de la nouvelle nomenclature, pour faire voir par
cet exemple , comment ce fyftême une
fois adopté pouvoit devenir propre à toute
langue , & pour contribuer autant qu'il
étoit en nous à décider l'uniformité de
langage fi effentielle à la communication
des travaux & aux progrès de la fcience.

Tels font les objets dont je vais m'occuper en ce mémoire , qui ne fera toujours
que l'expreffion du vœu unanime , & le
précis des difcuffions qui l'ont précédée
dans les conférences que nous avons eues
fur ce fujet. Lorfque je publiai en 1782
(1) un effai de la nomenclature de la

---

(1) Journal de Phyfique du mois de mai.

chimie, je ne me ferois pas attendu que
le foible mérite d'avoir fenti la néceffité d'y mettre plus d'enfemble & de
vérité, me procurât un jour l'avantage
de m'en occuper avec quelques-uns des
membres de l'Académie, d'être chargé
par eux de lui en préfenter le tableau,
& de pouvoir réclamer l'attention favorable qu'elle eft dans l'habitude de leur
accorder.

Dans le plan que nous nous étions
propofé, les corps fimples, c'eft-à-dire,
ceux qui n'ont pu jufqu'à préfent être
décompofés, devoient principalement
fixer notre attention, puifque les dénominations des fubftances réduites à leurs
élémens par des analyfes exactes, fe trou-
voient naturellement déterminées par la
réunion des fignes de ces mêmes élémens.

Ces fubftances non - décompofées
peuvent être divifées en cinq claffes.

La *premiere* comprend les principes
qui, fans préfenter entr'eux une ana-

logie bien marquée, ont néanmoins cela de commun qu'ils semblent se rapprocher davantage de l'état de simplicité, qui les fait résister à l'analyse, & les rend en même-temps si actifs dans les combinaisons.

Nous plaçons dans la *seconde* toutes les bases acidifiables ou principes radicaux des acides.

La *troisième* réunit toutes les substances dont le principal caractère est de se montrer sous la forme métallique.

Les terres occupent le *quatrième* rang.

Et les alkalis le *cinquième*.

A la suite de ces cinq classes, nous indiquerons dans un *appendice* les substances plus composées qui, se combinant à la manière des corps simples, ou sans éprouver une décomposition sensible, nous ont paru devoir entrer dans le tableau de nomenclature méthodique pour en completter le système.

Revenons présentement sur chacune de ces divisions.

SECTION PREMIERE.

Des substances qui se rapprochent le plus de l'état de simplicité.

Les substances de la première classe sont au nombre de cinq ; savoir : la *lumière*, la *matière de la chaleur*, l'air appellé d'abord *déphlogistiqué*, puis *air vital*, le *gas inflammable* & *l'air phlogistiqué* ; le dernier sera placé dans le tableau au rang des bases acidifiables, parce qu'il est réellement celle de l'acide nitreux ; mais on verra qu'il possede en même-temps des propriétés d'un ordre différent qui nous décident à le comprendre dans cette division.

La lumière & la chaleur paroissent en quelques circonstances produire les mêmes effets ; mais nos connoissances n'étant pas assez avancées pour pouvoir affirmer leur identité ou leur différence, nous leur avons conservé à chacune leur dénomination propre ; nous avons seulement penſé qu'il falloit diſtinguer la chaleur, **qui** s'entend ordinairement d'une ſenſation, du principe matériel qui en eſt la cauſe, & nous avons déſigné ce dernier par le mot *calorique*. Ainſi nous dirons que le calorique produit la chaleur, que le calorique a paſſé d'une combinaiſon dans une autre ſans produire une chaleur ſenſible, &c. Cette expreſſion ſera auſſi claire & moins embarraſſante dans le diſcours, que celle de *matière de la chaleur* que la néceſſité de ſe faire entendre avoit introduite depuis quelques années.

Lorſqu'on a changé le nom d'air déphlogiſtiqué en celui d'air vital, on a fait ſans doute un choix bien plus conforme aux regles, en ſubſtituant à une expreſſion fondée ſur une ſimple hypothèſe, une expreſſion tirée de l'une des propriétés les plus frappantes de cette ſubſtance, & qui la caractériſe ſi eſſentiellement que l'on ne doit pas héſiter d'en faire uſage toutes les fois que l'on aura à indiquer ſimplement la portion de l'air

atmofphérique qui entretient la refpira-
tion & la combuftion ; mais il eft bien
démontré préfentement que cette portion
n'eft pas toujours dans l'état gazeux ou
aériforme, qu'elle fe décompofe dans
un grand nombre d'opérations & laiffe
aller, du moins en partie, la lumière &
le calorique qui font fes principes conftituans comme air vital ; il falloit confidérer
cette fubftance & la défigner dans cet état
de plus grande fimplicité ; la logique de
la nomenclature exigeoit même qu'elle
fût la première nommée, pour que le
mot qui en rapelleroit l'idée devînt le
type des dénominations de fes compofés ;
nous avons fatisfait à ces conditions en
adoptant l'expreffion d'*oxigène*, en la
tirant, comme M. Lavoifier l'a dès long-
temps propofé, du grec οξυς *acide* & γείνομαι
j'engendre, à caufe de la propriété bien
conftante de ce principe, bafe de l'air vital,
de porter un grand nombre des fubftances
avec lefquelles il s'unit à l'état d'acide,
ou plutôt parce qu'il paroît être un principe

cipe néceſſaire à l'acidité. Nous dirons
donc que l'air vital eſt le gaz oxigène,
que l'oxigène s'unit au ſoufre, au phoſphore pendant leur combuſtion, aux métaux pendant leur calcination, &c. ce
langage ſera tout-à-la-fois clair & exact.

En appliquant les mêmes principes à
la ſubſtance aériforme que l'on a nommée
gaz inflammable, on ne peut s'empêcher
de reconnoître la néceſſité de chercher
une dénomination plus appropriée ; il eſt
vrai que ce fluide eſt ſuſceptible de s'en-
flammer ; mais cette propriété ne lui appartient pas excluſivement, au lieu qu'il
eſt le ſeul qui produiſe de l'eau par ſa
combinaiſon avec l'oxigène. Voilà le
caractère que nous avons cru devoir ſaiſir
pour en tirer l'expreſſion, non du gaz
lui-même qui eſt déjà un compoſé, mais
du principe plus fixe qui en fait la baſe,
& nous l'avons appellé *Hidrogène*, c'eſt-
à-dire engendrant l'eau ; l'expérience ayant
prouvé que l'eau n'eſt en effet que l'hidrogène oxigèné, ou le produit immé-

diat de la combustion du gaz hidrogène avec le gaz oxigène, moins la lumière & le calorique qui s'en séparent.

La dénomination *d'air phlogistique* étoit déja abandonnée par la plupart des chimistes (1) qui avoient craint qu'elle ne fût trop expressive, long-temps même avant qu'il fût prouvé qu'elle exprimoit une erreur. On sait maintenant que ce fluide qui fait une partie si considérable de l'air atmosphérique n'est pas de l'air vital altéré, qu'il n'a de commun avec l'air respirable que d'être comme lui en état de gaz par son union avec le calorique ; en un mot, qu'en perdant cet état il devient un élément propre à diverses combinaisons. Ses droits bien établis à la qualité d'être distinct, il lui falloit un nom particulier, & en le cherchant nous avons également tâché d'éviter & l'inconvénient de former un de ces mots tout-

---

(1) *Voyez* Bergman, Dissertat. XXXII, §. 3. Mém. de l'Acad. Roy. des Sciences. Elémens de M. de Fourcroy, &c.

à-fait infignifians qui ne fe relient à aucune idée connue, & qui n'offrent aucune prife à la mémoire, & l'inconvénient peut-être encore plus grand d'affirmer prématurément ce qui n'eft encore qu'apperçu.

Il réfulte de quelques expériences fynthétiques de M. Cavendish, confirmées par un grand nombre d'analyfes, que ce principe entre dans la compofition de l'acide nitreux. M. Berthollet a prouvé qu'il exiftoit dans l'alkali volatil & dans les fubftances animales; il eft probable que les alkalis fixes le contiennent auffi : on auroit pu d'après cela le nommer *alkaligène*, comme M. de Fourcroy l'a propofé. Mais l'analyfe de ces compofés n'eft point affez avancée pour qu'on puiffe déterminer fûrement la manière d'être de ce principe dans ces différens corps, ni en déduire une propriété uniforme & conftante; il étoit d'ailleurs impoffible de renfermer dans un feul terme l'expreffion de la double propriété de former le radical d'un acide & de concourir à la production d'un alkali ; il n'y avoit pas de raison de considérer par préférence une de ces propriétés ; & en l'admettant seule, c'eût été donner à l'autre une sorte d'exclusion. Dans ces circonstances nous n'avons pas cru pouvoir mieux faire que de nous arrêter à cette autre propriété de l'air phlogistiqué, qu'il manifeste si sensiblement, de ne pas entretenir la vie des animaux, d'être réellement non-vital, de l'être, en un mot, dans un sens plus vrai que les gaz acides & hépatiques qui ne font pas comme lui partie essentielle de la masse atmosphérique, & nous l'avons nommé *azote*, de l'α privatif des grecs & de ζωή *vie*. Il ne sera pas difficile après cela d'entendre & de retenir que l'air commun est un composé de gaz oxigène & de gaz azotique.

SECTION II.

Des bases acidifiables ou principes radicaux des acides.

La classe des substances dont le caractère principal est de passer à l'état d'acide est bien plus étendue ; mais elle présente aussi plus d'uniformité , & il suffira de s'arrêter à quelques-unes de ces substances, de les suivre dans leurs diverses compositions & surcompositions , pour donner une parfaite intelligence de la nomenclature de toute cette partie.

Il faut distinguer dans cette classe les acides dont les bases acidifiables sont connues , & ceux que l'on n'a pas encore décomposés , ou dont on n'est pas parvenu à recueillir séparément les principes qui constituent leurs caractères différentiels.

Les bases acidifiables connues sont l'*azote* base de l'acide nitreux (comme nous l'avons déjà annoncé dans la section précédente), le *charbon*, le *soufre* , & le *phosphore* ; c'est sur ces bases dont les combinaisons sont plus multipliées, plus familières, plus faciles à suivre, que nous avons établi la méthode de nommer ; pour les autres, telles que les bases de l'acide marin, de l'acide du borax, de

l'acide du vinaigre , &c. &c. nous nous
fommes contentés de défigner l'être fimple
qui y modifie l'oxigène , par l'expreffion
de *bafe acidifiable* , ou , pour abréger ,
de *radical* de tel acide ; afin de garder
la même analogie , & de pouvoir confidérer à leur tour chacun de ces êtres
d'une manière abftraite , fans rien hafarder
fur leurs propriétés effentielles , jufqu'à
ce qu'elles aient été découvertes & conf-
tatées par des expériences décifives. Il eft
probable que plufieurs de ces acides ont
des bafes compofées , ou même qui ne
different entr'elles que par des proportions diverfes des mêmes principes; quand
l'analyfe aura démontré leur premier élément & leur ordre de filiation , il fera
jufte fans doute de les ramener à ce type
originel ; mais il ne ceffera pas pour cela
d'être utile d'étudier leurs propriétés, leurs
attractions dans leur état actuel de compofition , & nous ne pouvions dès-lors
nous difpenfer de les comprendre dans
le fyftême de nomenclature.

Cela pofé, prenons pour exemple le *foufre* ou bafe acidifiable de l'acide vitriolique (le troifième de cette claffe) ; les produits très-nombreux de fes combinaifons, connus depuis long - temps, nous mettront à même de développer les règles que nous nous fommes formées & d'en fuivre l'application de la manière la plus avantageufe, pour faire connoître la progreffion des compofitions & le fyftême général du tableau.

Le foufre en fe combinant avec l'oxigène produit un acide ; il eft évident que pour conferver l'idée de cette origine, pour exprimer clairement le premier degré de compofition, le nom de cet acide doit être un dérivé du nom de fa bafe ; mais cet acide fe préfente en deux états de faturation, & manifefte alors des propriétés différentes. Pour ne les pas confondre, il falloit affecter à chacun de ces états un nom qui, confervant toujours la racine primitive, marquât néanmoins cette différence ; il falloit remplir le même objet pour les sels formés de ces deux acides ; il falloit enfin consi-dérer le soufre dans d'autres combinaisons directes, par exemple, avec les alkalis, les terres, les métaux : cinq terminaisons différentes adaptées à la même racine, de la manière qui a paru le plus con-venable au jugement de l'oreille, distin-guent ces cinq états d'un même principe.

L'acide sulfur*ique* exprimera le soufre saturé d'oxigène autant qu'il peut l'être; c'est-à-dire ce qu'on appelloit acide vitriolique.

L'acide sulfur*eux* exprimera le soufre uni à une moindre quantité d'oxigène; c'est-à-dire ce qu'on nommoit acide vitriolique sulfureux volatil, ou acide vitriolique phlogistiqué.

Sulf*ate* sera le nom générique de tous les sels formés de l'acide sulfu-rique.

Sulf*ite* sera le nom des sels formés de l'acide sulfureux.

Sulfure annoncera toutes les combinaisons du soufre non porté à l'état
d'acide, & remplacera ainsi d'une manière uniforme, les noms impropres &
peu concordans de foie de soufre,
d'hépar, de pyrite, &c. &c.

Il n'est personne qui n'apperçoive au
premier coup-d'œil tous les avantages d'une
pareille nomenclature, qui en même-
temps qu'elle indique les diverses subf-
tances, les définit, rappelle leurs parties
constituantes, les classe dans leur ordre
de composition, & assigne en quelque
forte, jusqu'aux proportions qui font varier leurs propriétés.

Quelqu'un s'étonnera peut-être que nous
ayons compris dans cette réforme les
noms d'acide vitriolique & de vitriol que
l'usage sembloit avoir consacrés ; c'est en
effet l'innovation la plus marquée & même
la seule de ce genre que l'on trouvera
dans notre tableau ; nous avons senti toute
la force de l'objection, nous l'avons long-

temps balancée , & nous n'aurions pas hésité de laisser subsister à la fois , par respect pour l'usage , les expressions de soufre & de vitriol , quelque disparate qu'elles présentent , si nous n'avions eu à les considérer qu'individuellement ; mais il falloit former un système pour toute la classe des acides , c'est-à-dire pour celle qui est la plus nombreuse & la plus importante ; & qui est-ce qui nous reprocheroit de n'avoir pas sacrifié tous les avantages de cette méthode à la conservation du mot *vitriol* ? C'est précisément parce que l'acide que forme le soufre est celui qu'on emploie le plus souvent , qui entre dans un plus grand nombre de préparations , en un mot, celui qu'on apprend à connoître le premier , qu'il étoit plus important de le soumettre à l'application rigoureuse de nos règles pour le faire servir lui-même à en préparer l'intelligence. Au lieu de créer un mot nouveau , nous n'avions qu'à modifier par une terminaison nouvelle le mot sulfureux déjà admis par tous les chimistes. Enfin nous avons considéré que dans les arts, dans le commerce, ce ne sont pas les noms d'*acide vitriolique*, de *vitriol de fer*, de *vitriol de zinc*, qui sont usités, mais ceux d'*huile de vitriol*, d'*esprit de soufre*, de *couperose verte*, de *couperose blanche*, &c. & nous nous sommes persuadés que les chimistes, qui avoient déjà abandonné ceux-ci pour l'intérêt de la science, renonceroient encore volontiers à deux ou trois mots, pour conserver l'uniformité dans sa langue.

Quant aux autres acides, nous avons eu beaucoup moins à faire pour assortir leurs noms à cet ordre systématique, comme on peut le voir aux articles *acide nitreux*, *acide tartareux*, *acide phosphorique*, &c.

Aucun être n'a reçu autant de noms différens que ce gaz, auquel M. Black donna d'abord le nom d'*air fixe*, en se réservant expressément de changer dans la suite cette dénomination, dont il ne fe diffimuloit pas l'impropriété. Le peu d'accord des chimiftes de tous les pays fur ce fujet, nous laiffoit, fans doute, une liberté plus entiere, puifqu'il montroit la néceffité de préfenter enfin des motifs capables de décider l'unanimité : nous avons ufé de cette liberté fuivant nos principes. Quand on a vu former l'air fixe par la combinaifon directe du charbon & de l'air vital, à l'aide de la combuftion, le nom de cet acide gazeux n'eft plus arbitraire, il fe dérive néceffairement de fon radical, qui eft la pure matière charbonneufe ; c'eft donc l'*acide carbonique*, fes compofés avec bafes font des *carbonates* ; &, pour mettre encore plus de précifion dans la dénomination de ce radical, en le diftinguant du charbon dans l'acception vulgaire, en l'ifolant, par la penfée, de la petite portion de matière étrangère qu'il recèle ordinairement, & qui conftitue la cendre, nous lui adaptons l'expreffion modifiée de *carbone*, qui indiquera le principe pur, effentiel du

charbon, & qui aura l'avantage de le
fpécifier par un feul mot, de manière à
prévenir toute équivoque.

La *plombagine*, qui n'eft que du carbone
uni au fer, prendra le nom de *carbure
de fer*, fuivant l'analogie établie.

L'acide muriatique, tiré du latin *mu-
ria*, *muriaticum*, avoit déjà pris la place
d'acide marin dans les écrits de quelques chimiftes; mais il eft bien connu qu'il forme
un acide à part, en ce qu'il fe charge par
excès d'oxigène, & que, dans cet état,
fon acidité paroît plutôt diminuer qu'aug-
menter, ce qui vient peut-être de ce que
l'oxigène retient dans cette combinaifon
une plus grande quantité de calorique.
Quelle que fût la caufe de ce phénomène,
il lui falloit fans doute une dénomination
appropriée à ce caractère particulier que
l'on a jufqu'à ce jour défigné fort improprement par le nom *d'acide marin déphlo-
giftiqué*. Les expreffions *d'acide muriatique
oxigené*, de *muriates oxigenés* nous ont
paru les plus fimples, les plus conformes

à l'objet que nous nous sommes proposé, de n'exprimer que les faits bien avérés. C'est en suivant toujours cette règle, que nous avons formé les noms de toutes les autres combinaisons de l'acide muriatique : le sublimé corrosif devient alors le *muriate mercuriel corrosif* ; le mercure doux, le *muriate mercuriel doux* ; le sel produit par la dissolution ordinaire d'étain dans cet acide, le *muriate d'étain* ; le beurre d'étain, le *muriate d'étain sublimé* ; la liqueur de Libavius, le *muriate d'étain fumant*, &c. &c.

L'analogie nous porte à croire que l'acide muriatique a une base acidifiable, de même que les acides carbonique, sulfurique & phosphorique, qui sert également à donner un caractère propre & particulier au produit de la combinaison oxigène : nous n'avons dû désigner cette substance que par l'expression de *radical muriatique* ou *principe radical muriatique* ; afin de ne pas donner un nom à un être inconnu, & pour nous renfermer dans l'expreſſion de la ſeule propriété que nous lui connoiſſons, qui eſt en effet de produire cet acide. Nous avons eu la même circonſpection par rapport à tous les acides ſur leſquels nos connoiſſances ne ſont pas plus avancées, & dont il eſt très-poſſible que dans la ſuite on découvre les baſes parmi des ſubſtances déjà nommées. Nous ſommes forcés de comprendre dans cette claſſe juſqu'aux baſes des acides végétaux & animaux, dont nous n'avons pas encore d'analyſe exacte, malgré la facilité avec laquelle on réſout ces compoſés en leurs élémens.

La nature de la baſe acidifiable étant indépendante de la proportion dans laquelle elle ſe trouve unie à l'oxigène, il eſt évident que le ſoufre, par exemple, eſt tout-à-la-fois le radical *ſulfurique* & le radical *ſulfureux*; mais il convenoit de rendre cette expreſſion uniforme pour tous les acides, & nous nous ſommes arrêtés à la terminaiſon qui annonce la ſaturation la plus complette de la baſe acidifiable.

Ainſi nous dirons : *radical boracique* , *ra-dical acétique* , & même *radical tartarique* , &c. &c. , quoique nous ne connoiſſions que l'acide *tartareux* , c'eſt-à-dire , le ra-dical tartarique uni à une très-foible por-tion d'oxigène , autant que l'on en peut juger par les phénomènes de ſa combuſ-tion.

Le choix de l'une ou l'autre de ces ter-minaiſons devenoit plus important pour indiquer , dans les combinaiſons acides elles-mêmes , ces différens états de ſatu-ration. Lorſqu'ils ont été connus , nous n'avons pas héſité de faire prévaloir l'au-torité de la règle ſur celle de l'habitude , en nommant , par exemple , acide *nitri-que* celui où l'azote eſt pourvu de tout l'oxigène qu'il peut prendre , & réſervant le nom d'acide *nitreux* à cet acide beau-coup plus foible , où la même baſe ſe trouve unie à une moindre quantité d'oxi-gène.

Suivant cette analogie , l'*acide phoſ-phorique volatil* , ou *phlogiſtiqué* , eſt

devenu

devenu l'*acide phosphoreux* ; les expériences de M. Berthollet sur le vinaigre radical, ayant fait voir que ce n'étoit que le vinaigre ordinaire surchargé d'oxigène (1), nous avons cru devoir distinguer l'*acide acétique* & l'*acide acéteux*. Cette distinction une fois établie nous a donné les *nitrates* & les *nitrites*, les *phosphates* & les *phosphites*, les *acétates* & les *acétites*, comme on l'a vu pour les sels formés de l'acide du soufre : il n'y a d'exception que pour le mot *nitre*, que, par respect pour l'usage, nous avons conservé comme synonime de *nitrate de potasse*.

A l'égard des autres acides que l'on n'a pas encore obtenus dans deux états de saturation oxigène, & qui ne font peut-être susceptibles que de l'un ou de l'autre, nous devons avertir, que ne pouvant appuyer que sur de très-foibles conjectures le choix de la terminaison appropriée à

____

(1) Mémoires de l'Académie royale des Sciences, année 1783.

l'un de ces états , nous n'avons eu , le plus souvent , d'autre motif que d'éviter des dénominations désagréables à l'oreille , & de nous écarter le moins qu'il étoit possible de l'usage : ce qui nous a paru une raison suffisante de préférence , jusqu'à ce que de nouvelles découvertes ayant marqué la véritable classe de ces acides , le temps fût venu de faire céder ces considérations à l'intérêt plus réel de la science & de la clarté de sa langue. Au surplus nous avons toujours gardé le rapport d'analogie qu'indiquent les terminaisons correspondantes de ces deux états des acides & des sels qui en sont formés. *L'acide benzoique* produira donc des *benzoates* ; *l'acide gallique*, des *gallates* ; *l'acide tartareux* , des *tartites* , &c.

Les acides que l'on retire, par distillation , du tartre, des matières sucrées , du bois, &c. ont été nommés, par les chimistes, esprits empyreumatiques ; il nous a paru important de faire entrer ce caractère dans leurs dénominations ; mais ;

pour en rendre l'expreſſion d'un uſage plus commode, nous l'avons réduite au diſſyllabe *pyro*. L'eſprit empyreumatique du tartre devient, de cette manière, l'*acide pyrotartareux*, & ſes ſels des *pyrotartrites*; l'eſprit empyreumatique du bois, l'*acide pyroligneux*, & ſes ſels des *pyrolignites*; l'eſprit empyreumatique du ſucre, du miel, de la gomme, l'*acide pyromuqueux*, & ſes ſels des *pyromuçites*.

De même que nous avons vu que le radical d'un acide ſe préſentoit en différens états de ſaturation oxigène, de même pluſieurs acides formés ſont ſuſceptibles de s'unir à la même baſe en différentes proportions; quelques-uns ont encore la propriété de retenir à-la-fois pluſieurs baſes : d'où il réſulte, 1°. des ſels avec excès d'acide, 2°. des ſels avec excès de baſe, 3°. des ſels triples ou ſurcompoſés. La méthode devoit pourvoir à ce que tous ces cas fuſſent clairement diſtingués; nous penſons l'avoir fait de la manière la plus ſimple : *pour les premiers*, en ajoutant à leurs noms l'épithète *acidule* ; *pour les seconds*, en employant le mot *furfaturé*, quelquefois en confervant feulement le nom reçu dans le commerce ; *pour les derniers*, en fpécifiant l'une & l'autre bafe, & exprimant autant qu'il eft poffible adjectivement celle des bafes qui vient en fecond ordre pour éviter la répétition toujours embarraffante des génitifs.

La crême de tartre.. SERA DONC *le tartrite acidule de potaffe.*

Le fel d'ofeille..............*l'oxalate acidule de potaffe.*

Le borax du commerce........*le borax furfaturé de foude*, ou fimplement le *borax.*

Le fel perlé.................*le phofphate furfaturé de foude.*

Le fel végétal antimonié (1)....*le tartrite de potaffe tenant d'antimoine.*

Le fel d'ofeille tenant cuivre....*l'oxalate de potaffe cuivreux.*

Et ainfi des autres furcompofitions, dont il fera facile de fuppléer & d'entendre les

---

(1) Voyez *Opufcules* de M. Bergman, Differtation X, §. 7.

noms par leur conformité avec ces exemples.

Il seroit superflu d'en dire davantage
sur la nomenclature méthodique des bases
acidifiables ou radicaux des acides & des
produits de leurs combinaisons ; nous
passons aux autres divisions du tableau sur
lesquelles nous nous arrêterons beaucoup
moins , ce qui précède en ayant déjà
préparé l'explication.

SECTION III.

Des Substances métalliques.

La division qui suit celle des acides
dans le tableau de nomenclature comprend
toutes les substances métalliques. Il y en
a qui sont en même-temps susceptibles
de passer à l'état d'acides ; c'est par celles-
là que nous avons cru devoir commencer
pour ne pas interrompre la chaîne qui
paroît unir à certains égards les radicaux
acides & les métaux.

On s'attend bien que nous n'avons pas

cherché à changer les noms des métaux, sur-tout de ceux qui plus anciennement connus, plus fréquemment employés dans les arts & dans la vie civile, appartiennent encore plus à la langue vulgaire qu'à la langue des chimistes : nous avons seulement profité de l'occasion pour ramener à un même genre tous leurs noms, suivant le vœu du célèbre Bergman, qui en a dès long-temps donné l'exemple dans ses ouvrages écrits en latin ; nous avons senti qu'il y avoit même raison, qu'il y auroit même avantage d'établir en françois cette conformité entre toutes les dénominations des substances congénères ; nous avons d'autant moins hésité qu'il ne s'agissoit pour cela que de changer l'article, l'*e* muet final ne pouvant avoir plus de force pour assujettir le genre dans *le molybdène, le tunstène, le manganèse* & *le platine* que dans *l'antimoine, le cuivre* & *le mercure.*

Le métal devant être considéré ici comme l'être simple, ce seroit une sorte de contradiction de spécifier cet état par

une dénomination composée. Cette réflexion décidera sans doute l'entière pros-
cription du mot *régule*, qui n'avoit été
appliqué qu'à quelques métaux, & que
la plupart des chimistes avoient déja abandonné.

Tous les métaux s'unissent à l'oxigène,
mais ils ne produisent pas tous des acides;
il n'y en a que trois de connus jusqu'à
présent qui manifestent cette propriété,
encore sont-ils eux-mêmes susceptibles de
ce degré intermédiaire de saturation oxigène, qui paroît constituer l'état le plus
habituel des métaux dans cette combinaison. Il convenoit sans doute d'affecter
à cet état particulier une dénomination
particulière; celle de *chaux métalliques*
ne pouvoit être conservée; elle avoit été
donnée aux métaux calcinés sur le fon-
dement d'une analogie supposée entr'eux
& la pierre calcaire calcinée, & l'on sait
maintenant qu'il n'y a aucune analogie
entre ces substances ni par leur nature,
ni par leur ordre de composition. Le nom

D v

de *chaux* appartenoit plus anciennement à une espèce de terre réduite par le feu à son état le plus simple ; pouvoit-on le laisser en même-temps aux métaux pour spécifier l'altération qu'ils éprouvent en devenant partie d'un nouveau composé ? La première règle enfin d'une bonne nomenclature est de ne pas revêtir du même signe des êtres aussi essentiellement différens. Nous avons donc dû chercher une expression nouvelle, & pour la rendre conséquente à nos principes, nous avons formé le mot *oxide*, qui d'une part rappelle la substance avec laquelle le métal est uni, qui d'autre part annonce suffisamment que cette combinaison de l'oxigène ne doit pas être confondue avec la combinaison acide, quoiqu'elle s'en rapproche à plusieurs égards.

Quelques exemples serviront à faire connoître avec quelle facilité ces dénominations une fois reçues, peuvent indiquer tous les états de composition par lesquels un métal peut passer.

L'arſenic pur , c'eſt-à-dire en état de métal, éprouve-t-il l'action du feu ? il ſe convertit bientôt en une matière blanche pulvérulente qui porte dans le commerce le nom d'arſenic blanc ; c'eſt l'*oxide d'ar-ſenic* ou *oxide arſenical* ; l'étain paſſe ſur le champ à l'état d'oxide par l'action de l'acide nitrique ; tous les métaux ſubiſſent à un certain point cette altération avant que de s'unir aux acides ; la manière d'être de ces oxides varie en pluſieurs circonſ-tances , & quelques épithètes relatives ou aux apparences extérieures, ou aux pro-cédés de préparation , peuvent ſervir à ſpécifier ces variétés.

Les fleurs de zinc..... SERONT *l'oxide de zinc ſublimé.*

L'antimoine diaphorétique.....*l'oxide d'antimoine par le nitre.*

Les fleurs d'antimoine.......*l'oxide d'antimoine ſu-blimé criſtallin.*

La poudre d'Algaroth.........*l'oxide d'antimoine par l'acide muriatique.*

Le verre d'antimoine.........*l'oxide d'antimoine vitreux.*

Le précipité *per ſe*...........*l'oxide de mercure par le feu.*

Le précipité rouge..........*l'oxide mercuriel par l'acide nitrique.*

Le précipité de Caſſius........*l'oxide d'or par l'étain.*
&c. &c. &c.

Mais l'arſenic, que nous avons pris pour premier exemple, ne donne pas ſeulement un oxide, il produit encore un acide très-caractériſé, lorſque, par des moyens appropriés, on eſt parvenu à lui faire prendre une plus grande quantité d'oxigène ; nous le nommons alors *acide arſenique.* Suivant les expériences de Schéele & de Bergman, le molibdène & le tunſtène ſont dans le même cas, les acides formés de ces métaux prendront les noms d'*acide molibdique*, d'*acide tunſtique.*

Après avoir établi la diſtinction des acides & des oxides métalliques, c'eſt-à-dire des métaux *oxigènes* & des métaux ſimplement *oxidés*, il faut montrer comment la nomenclature méthodique repréſente ces différentes manières d'être juſques dans les combinaiſons ultérieures dont les uns & les autres font fufceptibles.

A l'égard des fels formés des acides métalliques, les dénominations qui leur conviennent font déterminées par ce que nous avons dit des acides en général ; c'eft ici la même marche, de l'acide arfenique viendront les *arfeniates* ; de l'acide molibdique les *molibdates*, toujours avec l'expreffion des bafes, &c. ; le fel neutre de M. Macquer fera *l'arfeniate acidule de potaffe*.

On aura la même facilité à défigner d'une manière claire & exacte les produits des combinaifons des métaux oxidés. Le foie d'arfenic par l'alkali fixe végétal fe changera en *oxide arfenical de potaffe* ; le fer uni à l'arfenic blanc portera le nom d'*oxide arfenical de fer* ; la diffolution de cuivre dans l'alkali volatil, celui d'*oxide de cuivre ammoniacal* ; & ainfi de tous les compofés analogues.

Quant à la combinaifon directe des métaux avec les métaux dans leur état le plus fimple & fans qu'aucun d'eux

foit ni oxigène, ni oxidé, nous n'avons
rien trouvé de mieux que le mot *alliage*,
dont elle eft depuis long-temps en poffeffion, & qui fuivi des noms des métaux,
& même dans certaines occafions, de
l'expreffion des quantités refpectives &
des couleurs, repréfentera avec toute
l'exactitude qu'on peut defirer, ie compofé
de ce genre que l'on voudra nommer. La
dénomination d'*amalgame* qui a été af-
fectée aux alliages de mercure, mérite
également d'être confervée, comme ayant
l'avantage de renfermer dans un feul figne
& fans confufion, les idées d'alliage &
de mercure ; ainfi le métal des caractères
d'imprimerie fera pour nous l'*alliage d'antimoine & de plomb* ; le cuivre jaune, l'*alliage de cuivre & de zinc* ; la compofition
qui fert à étamer les glaces, un *amalgame
d'étain* ; &c. &c.

Nous n'avons pas befoin de multiplier
ici des exemples qu'un long ufage a rendu
familiers, & dont nous ne nous fommes
occupés que pour faire voir que nous

n'avions rien oublié de ce qui devoit tenir une place dans le tableau de nomenclature.

SECTION IV.

Des Terres.

Les chimiftes connoiffent préfentement cinq terres qui en même-temps qu'elles fe rapprochent par quelques propriétés communes, fe font diftinguer par des caractères propres bien conftatés, & auxquelles il importe conféquemment de donner des noms particuliers.

Les motifs qui nous avoient déterminés à ramener à un même genre les dénominations de tous les métaux, militoient à plus forte raifon pour introduire cette uniformité dans la nomenclature des terres; c'eft ce que nous avons obfervé, & en adoptant pour celles-ci le genre féminin, nous trouvons l'avantage de le faire fervir à repréfenter fans ceffe à l'efprit les limites qui féparent ces différentes fubftances.

Nous avons confidéré d'autre part que plufieurs de ces terres fe rencontrant le plus habituellement dans un état véritablement falin, ce n'étoit pas ce compofé, mais la terre elle-même avant fa compofition que le nom devoit indiquer; la dénomination de tout fel devant être formée, comme nous l'avons dit précédemment, de l'expreffion de l'acide réunie à l'expreffion de la bafe.

Enfin, la plupart de ces terres fe trouvent naturellement unies les unes aux autres, foit dans l'état de combinaifon, foit dans l'état de mélange; or nous avons compris, en premier lieu, qu'il n'étoit pas poffible de laiffer un feul & même figne pour le fimple & le compofé, pour le pur & l'impur; nous avons penfé, en fecond lieu, que nous n'avions pas le droit de détourner de leur acception ufuelle les noms de ces matières qui exiftent en grandes maffes, pour les appliquer aux terres fimples qu'elles recèlent; que l'agriculteur, l'artifte, le minéralogifte qui s'en occupent, réclameroient bientôt des noms qu'ils n'euffent pas befoin de modifier perpétuellement par des épithètes, ou qu'ils s'obftineroient à retenir les noms fimples fans en changer la valeur, au rifque de tout confondre & de ne s'entendre qu'avec eux-mêmes.

Ces principes pofés nous ont conduits à fubftituer *la filice* au quartz, à la terre vitrifiable, en laiffant le mot *filex* en poffeffion de repréfenter l'efpèce déjà très-compofée dont on fait les pierres à fufil.

L'argille eft une des fubftances les plus abondamment répandues fur la furface du globe ; mais l'efpèce de terre de qui elle reçoit fon principal caractère n'y eft jamais pure, tellement que pour examiner fes propriétés, les chimiftes ont été obligés de la chercher dans cette portion de l'argille qui forme l'alun, & qu'ils ont nommée, pour cette raifon, *terre bafe de l'alun* ; delà nous avons tiré *alumine* ; & tandis que dans le langage exact l'alun du commerce fera un fulfate d'alumine, le mot argille conservant son acception vulgaire, représentera un mélange terreux dont l'alumine fait la partie dominante.

La terre qui existe dans le marbre, dans la craie, dans le spath, en état de sel carbonique, retiendra le nom de *chaux*. Nous avons déjà eu occasion de remarquer que l'être simple dont il s'agit ici de déterminer le signe, résidoit essentiellement dans cette portion que laisse la calcination de la pierre, & qui depuis long-temps est appellée *chaux vive*, à cause de l'énergie avec laquelle elle tend à la combinaison ; le chimiste qui en découvre le principe dans sa simplicité même & dans son isolement de tout autre corps, se dispensera d'indiquer par une seconde expression une propriété que suppose nécessairement la première.

La quatrième terre que nous avons à nommer est la terre pesante, ou pour mieux dire, la terre base du spath pesant ; nous remplaçons ces expressions impropres ou périphrasées par le mot *baryte*, dérivé du du grec βαρύς *pefanteur*, qui rappelle affez l'ancienne dénomination pour aider la mémoire, qui s'en écarte affez pour ne pas donner une idée fauffe : ce mot déjà naturalifé dans plufieurs langues a été adopté par Bergman lui-même (1).

La cinquième terre eft la *magnéfie* ; elle a été long-temps appellée magnéfie blanche pour la diftinguer de ce que nous avons nommé oxide de manganèfe noir, auquel on donnoit auffi le nom de magnéfie ; nous n'avons eu qu'à retrancher l'épithète qui devenoit abfolument oifeufe.

Il eft fouvent commode, quelquefois même néceffaire à la clarté du difcours de pouvoir changer les fubftantifs en adjectifs ; nos dénominations n'excluent pas cette liberté. Ainfi la liqueur des cailloux prendra le nom d'*alkali filicé*, de *potaffe filicée* ; & les expreffions de *nitrate alumi*

---

(1) *Differtatio de fyftemate foffilium naturali*, §. 235. Mém. de la Société royale d'Upfal, tom. IV. *Voyez* auffi la Minéralogie de M. Kirwan.

E

neux, de *muriate calcaire*, d'*acétite ba-rytique*, de *tartrite magnésien*, feront fynonimes à celles de *nitrate d'alumine*, de *muriate de chaux*, d'*acétite de baryte* & de *tartrite de magnéfie*.

SECTION V.

Des Alkalis.

Parmi les fubftances journellement em-ployées dans les opérations des chimiftes, aucunes n'exigeoient une réforme plus entière que celles que nous continuerons de comprendre avec eux fous le nom générique d'*alkalis*. Combien d'erreurs funeftes n'a pas fait commettre en mé-decine la reffemblance de fel de tartre avec crême de tartre? eft-il befoin de relever l'impropriété, le ridicule de ces expreffions : *huile de tartre* par défaillance, *nitre fixé*, *alkali extemporané*, *alkali marin*, *leffive des favonniers*, *efprit de corne de cerf*, &c. &c? On ne doit point être étonné que pour éviter ces noms abfurdes, quelques modernes aient préféré les circonlocutions d'alkali fixe végétal pur, d'alkali fixe minéral pur, & d'alkali volatil pur. C'est ce que fit d'abord le célèbre professeur d'Upsal ; mais dès qu'on eut proposé d'appliquer à chacun de ces alkalis un signe particulier, qui sans le secours d'aucune épithète, pût le représenter dans l'état caustique, c'est-à-dire privé de tout acide carbonique, il sentit tous les avantages de cette méthode, & s'empressa d'adopter, dans sa dissertation latine sur les classes des fossiles, les expressions de *potassinum, natrum, ammoniacum*.

Nous avons ajouté à ces vues de perfection de la langue chimique, en féminisant les noms de ces trois substances, pour les rapprocher en quelque sorte des terres avec lesquelles elles ont en effet plus d'analogie qu'avec les métaux. Les noms des trois alkalis dans leur état le plus simple, feront donc la *potasse*, la *soude*, l'*ammoniaque*.

E ij

Le mot *potaffe*, dont l'origine eſt al-
lemande, étoit déjà en uſage pour déſigner l'alkali fixe végétal, retiré par la
leſſive des cendres ; nous propoſons donc
ſeulement d'y attacher déſormais l'idée de
pureté.

Nous avons préféré l'expreſſion de
ſoude à celle de natron, non-ſeulement
parce qu'elle gardoit naturellement l'analogie du genre ; mais auſſi parce qu'elle
ſe trouvoit déjà bien plus avancée dans
l'uſage. Il n'eſt point de chimiſte qui ne
connoiſſe les criſtaux de ſoude ; & la
ſubſtance qu'il falloit nommer, eſt préci-
ſément ce qui conſtitue les criſtaux de
ſoude, abſtraction faite de l'acide carbonique qui la met en état de criſtaux.

Pour former enfin l'*ammoniaque*, nous
n'avons fait qu'exprimer ſubſtantivement
ce que tous les chimiſtes exprimoient
avant nous par l'épithète ammoniacal.

Suivant le plan que nous avons annoncé, les cinq diviſions du tableau de

nomenclature ne devoient comprendre dans la première colonne que des corps simples, ou jusqu'à préfent non décompofés, & régulièrement l'ammoniaque ne pouvoit y être admife, puifque l'on eft parvenu à découvrir qu'elle n'étoit que le produit d'une combinaifon de l'azote & de l'hydrogène. Mais nous avons cru qu'il fuffifoit d'en faire l'obfervation pour que le rang que nous lui donnons ici ne pût induire en erreur ; & que l'objet de ces divifions étant fur-tout de foulager la mémoire par la méthode, il nous impofoit la loi de ne pas féparer des fubftances qui ont tant de propriétés communes, qui fe comportent en tant d'occafions de la même manière, que l'on eft fi accoutumé à trouver réunies, & qui ne font peut-être éloignées dans le moment préfent que parce que nous avons fait un pas de plus dans l'analyfe de l'une que dans l'analyfe des deux autres.

L'ammoniaque entrant dans un grand nombre de combinaifons fans fe décomposer , il devenoit indispensable de la désigner par un seul mot , pour éviter l'embarras & la confusion que n'auroit pas manqué de produire dans les dénominations de ces sur-composés , l'énumération répétée de ses parties constituantes.

Les mêmes considérations nous engagent à réunir ici dans un appendice plusieurs autres substances qui ne sont pas plus simples , dont nous connoissons également les élémens , & dont il n'est pas moins important de réduire les dénominations à un seul terme.

APPENDICE

Contenant la nomenclature de quelques substances composées qui se combinent quelquefois à la manière des corps simples.

EN travaillant sur les matières végétales & animales, on retrouve fréquemment soit dans les classes , soit dans les espèces différentes, des principes semblables que l'on reconnoît toujours malgré leurs modifications individuelles, & qui peuvent être regardés comme des composés chimiques naturels. Tels sont le *sucre*, le *muqueux*, le *gluten*, l'*amidon*, la *résine*, l'*extrait*, la *fécule* & les *huiles*. Il suffira de jetter un coup-d'œil sur notre tableau pour voir que nous n'avons fait ici que déterminer un choix dans le nombre des dénominations que l'usage nous offroit. Nous avons seulement divisé les huiles en *huiles fixes* & *huiles volatiles* ; division qui nous a paru répondre avec un peu plus d'exactitude à leurs propriétés distinctives que celles d'huiles grasses & d'huiles essentielles ou éthérées.

Nous conservons également le nom de *savons* à toutes les compositions des huiles fixes : à la suite de ce nom de genre, on indiquera lorsqu'il sera nécessaire, l'expression de la substance qui y est combinée avec l'huile. Ainsi l'on dira, *savon de potasse*, *savon calcaire*, *savon acide sulfurique*, *savon de plomb* ; mais il falloit une dénomination particulière pour les compositions savonneuses des huiles volatiles, nous appellerons celles-ci *savonules*, & le savon de starkey sera le *savonule de potasse*.

Pour ce qui est de cette substance volatile à laquelle on a donné si improprement le nom d'*esprit recteur*, nous n'avons pas cru pouvoir le laisser subsister, & comme elle est essentiellement le principe des odeurs, nous lui avons substitué le nom d'*arome*, qui n'exigera vraisemblablement aucune explication pour ceux qui connoissent la valeur du mot aromatique.

Le produit de la fermentation spiritueuse peut sans doute retenir sans aucun inconvénient la dénomination d'*esprit de vin* ; mais ce principe s'unit aux acides, se charge des alkalis, dissout les résines, & forme non - seulement des composés , mais des classes de composés pour lesquels on desiroit depuis long-temps des dénominations exactes, c'est-à-dire un nom de genre suivi de l'expression des différentes bases, au lieu de ces noms impropres & mal assortis d'*esprit de sel dulcifié*, de *lilium de Paracelse*, de *teinture de gayac*, &c. Le mot *alcohol* sera d'autant plus propre à remplir cet objet, que la plupart des anciens chimistes l'ont déjà employé dans le même sens, & pour indiquer l'esprit de vin le plus rectifié; c'est-à-dire précisément dans l'état de pureté où l'on doit le considérer pour le nommer.

De cette manière, l'esprit de sel dulcifié deviendra l'*alcohol muriatique*, le lilium de Paracelse, l'*alcohol de potasse*; l'*offa Helmontii*, l'*alcohol ammoniacal*; la teinture de gayac, l'*alcohol de gayac*; & ainsi des autres.

Lorsque les combinaisons de l'alcohol avec les acides seront portées à l'état d'*é-ther*, elles retiendront ce nom qui sera pour lors le nom générique des produits de cette classe particulière, & toujours avec l'expression de l'acide qui aura été employé. On dira donc *éther nitrique*, *éther acétique*, &c. & l'éther de Frobenius sera l'*éther sulfurique*.

Nous ne répéterons pas ici les raisons qui nous ont déterminés à placer à la suite de ces Mémoires la traduction latine des principales dénominations adoptées dans la nomenclature méthodique. Il ne nous reste qu'à prier ceux que cette innovation pourroit allarmer ou pour eux-mêmes, ou pour l'intérêt de la science, d'examiner avec quelque attention les principes que nous avons établis & qui nous ont ensuite guidés dans toutes ces opérations. Nous ne craignons pas de dire qu'ils feront bientôt aussi convaincus que nous-mêmes, que les avantages qu'assure notre méthode soit pour hâter l'instruction de ceux qui commencent, soit pour faciliter la communication de ceux qui savent, soit pour favoriser les progrès de ceux qui recherchent les causes, méritent bien le sacrifice d'un petit nombre de mots d'habitude.

MÉMOIRE

Pour servir à l'explication du Tableau de Nomenclature.

Par M. DE FOURCROY.

APRÈS avoir fait connoître dans les deux Mémoires précédens le plan que nous nous sommes tracé en travaillant à une nomenclature méthodique de la chimie, & la marche générale que nous avons suivie dans l'exécution de ce plan ; nous croyons devoir donner une explication du tableau que nous présentons, assez détaillée pour qu'on saisisse le rapport des exemples que nous y avons insérés & l'ensemble des noms que nous y proposons. M. de Morveau a déjà cité la plupart des exemples généraux de ce tableau. Mais nous considérons ici la nomenclature sous un autre point de vue ; nous la suivons dans les détails du tableau & sous un autre ordre que dans les premiers mémoires ; si la lecture de celui-ci semble offrir quelques redites, on reconnoîtra

bientôt qu'elles étoient indifpenfables ,
& qu'elles ont l'avantage de retracer des
vérités nouvelles qui font la bafe de tout
notre travail.

Nous ferons d'abord obferver que notre
intention , en rédigeant ce tableau , n'a
point été d'offrir toute la nomenclature
de la chimie; mais de réunir fous plufieurs
claffes de compofés , un affez grand nombre d'exemples choifis , pour qu'on pût,
à l'aide d'une étude fimple & facile , appliquer notre méthode de nommer à tous
les compofés que les chimiftes connoiffent , ou à ceux qui peuvent être découverts par la fuite. Pour remplir cet objet
nous avons divifé ce tableau en fix colonnes perpendiculaires , à la tête defquelles font placés les titres généraux qui
annoncent l'état des corps dont on y
trouve les noms. Chacune de ces colonnes eft divifée en 55 cafes , placées les
unes au-deffous des autres. Ce nombre eft
déterminé par celui des fubftances non décompofées que nous connoiffons , & qui

ſont nommées de ſuite dans la première colonne. Les diviſions horiſontales, correſpondantes des cinq colonnes ſuivantes, comprennent les principales combinaiſons de ces ſubſtances ſimples, & doivent conſéquemment être en même nombre qu'elles.

Suivons chacune de ces colonnes dans les principaux détails qu'elles préſentent.

C O L O N N E   P R E M I È R E.

La première marquée par le chiffre romain I, a pour titre SUBSTANCES NON DÉCOMPOSÉES. Rappellons ici que ces corps ne ſont ſimples pour nous que parce qu'on n'a pas encore pu en faire l'analyſe ; toutes les expériences exactes qui ont été faites depuis dix ans, annoncent que ces corps ne peuvent être ſéparés en êtres plus ſimples, & qu'on ne peut point les reproduire par des compoſitions artificielles. Ces ſubſtances ſont, comme nous l'avons déjà dit, au nombre de 55 ; au-devant de chaque caſe horiſontale qui contient

chacune d'elles est placé, en chiffres ara-
bes, le n°. qui désigne la place de ces
corps & de leurs composés correspondans
dans les autres colonnes. Les lignes ho-
risontales sont donc, par cette disposition,
absolument continues depuis la première
colonne jusqu'à la sixième, & toutes les
cases horizontales de chaque colonne
sont comprises & désignées par le même
numero.

Les 55 substances simples de la première colonne, sont divisées en cinq classes
suivant la nature comparée de chacune
d'elles. La première division comprend
quatre corps, qui semblent se rapprocher
le plus de l'idée qu'on s'est formée des
élémens, & qui jouent le plus grand rôle
dans les combinaisons ; ce sont la *lumière*
(case 1), le *calorique* (case 2), nommé
jusqu'ici matière de la chaleur, l'*oxigène*
(case 3), ou la partie de l'air vital qui
se fixe dans les corps qui brûlent, qui
en augmente le poids, qui en change la
nature, & dont le caractère ou la pro-

priété la plus faillante étant de former les acides, nous a engagés à tirer fon nom de cette propriété remarquable ; l'*hydrogène* (cafe 4), ou la bafe du fluide élaftique, appellé gaz inflammable, être qui exifte folide dans la glace, puifqu'il eft un des principes de l'eau. Ces quatre premiers corps fimples font renfermés dans une accolade particulière.

La feconde claffe des fubftances non décompofées de la première colonne, comprend 26 corps différens, qui ont tous la propriété de devenir acides par leur union avec l'oxigène, & que nous défignons d'après ce caractère commun, par les mots de *bafes acidifiables*. Parmi ces 26 corps, il n'y en a que quatre que l'on a pu obtenir fimples & fans combinaifons ; tels font l'*azote* ou *radical nitrique* (cafe 5) (1), ou la bafe folide de

---

(1) Encore faut-il obferver qu'on n'obtient point l'azote feul & ifolé, mais combiné avec le calorique & dans l'état de gaz.

la mofète atmofphérique très-connue aujourd'hui des chimiftes ; le charbon pur,
carbone ou *radical carbonique* (cafe 6) , le
foufre ou *radical fulfurique* (cafe 7) , &
le phofphore ou *radical phofphorique* (cafe
8). Les 22 autres ne font connus que
dans leurs combinaifons avec l'oxigène,
& dans l'état d'acides ; mais pour donner
à la fcience plus de clarté & d'extenfion,
nous les avons féparés de l'oxigène par
la penfée, & nous les fuppofons dans leur
état de pureté auquel il eft vraifemblable
que l'art parviendra à les réduire quelque
jour. Ils font alors tous défignés par les
noms de leurs acides avec une terminaifon uniforme, & que l'on fait précéder
du mot générique *radical* ; telle eft la
manière dont il faut concevoir les expreffions de *radical muriatique* (cafe 9) , *radical boracique* (cafe 10) , *radical fluorique*
(cafe 11) , *radical fuccinique* (cafe 12) ,
radical acétique (cafe 13) , *radical tartarique* (cafe 14) , *radical pyro-tartarique*
(cafe 15) , *radical oxalique* (cafe 16) ,

radical

radical gallique (cafe 17), *radical citrique* (cafe 18), *radical malique* (cafe 19), *radical benzoïque* (cafe 20), *radical pyro-lignique* (cafe 21), *radical pyro-mucique* (cafe 22), *radical camphorique* (cafe 23), *radical lactique* (cafe 24), *radical faccho-lacti-que* (cafe 25), *radical formique* (cafe 26), *radical pruffique* (cafe 27), *radical fébaci-que* (cafe 28), *radical lithique* (cafe 29), *radical bombique* (cafe 30).

La troifième claffe des fubftances non-décompofées de la première colonne, renferme les matières métalliques, qui font au nombre de 17, depuis la cafe 31 jufqu'à la cafe 47 inclufivement. Toutes ont les noms fous lefquels on les a connues jufqu'à préfent ; les trois premières font fufceptibles de paffer à l'état d'acide & tiennent par le caractère aux bafes acidifiables qui les précèdent.

Dans la quatrième claffe des matières non décompofées font placées les terres, *la filice* (cafe 48), *l'alumine* (cafe 49), *la baryte* (cafe 50), *la chaux* (cafe 51),

F

la *magnéfie* (cafe 52). On n'a point encore décompofé ces cinq terres, & elles doivent être regardées comme des corps fimples dans l'état actuel de nos connoiffances.

Enfin la cinquième claffe des fubftances non-décompofées renferme les trois alkalis, la *potaffe* (cafe 53), la *foude* (cafe 54), l'*ammoniaque* (cafe 55). Quoique cette dernière ait déjà été décompofée par MM. Bergman & Schéele, & quoique M. Berthollet ait déterminé avec précifion la nature & la quantité de fes principes, nous avons cru devoir la ranger au-deffous des alkalis fixes, dont on efpère auffi bientôt connoître les compofans, afin de ne point interrompre l'ordre & le rapport de ces fubftances, qui fe comportent à beaucoup d'égards comme des matières non décompofables dans les expériences de la chimie.

La première colonne dont nous venons d'expofer toutes les divifions eft partagée en deux comme toutes les autres, fuivant fa longueur; la divifion de la gauche eft destinée à offrir les noms anciens distingués par le caractère italique.

COLONNE II.

La seconde colonne porte pour titre *mises à l'état de gaz par le calorique*; il faut joindre à ce titre celui de la colonne précédente & lire *substances non décomposées mises à l'état de gaz par le calorique*. Alors on entend facilement que cette seconde colonne est destinée à offrir l'état aériforme permanent que sont susceptibles de prendre plusieurs des substances simples indiquées dans la première; on ne trouve dans cette colonne que quatre fluides élastiques, dont les noms sont dérivés comme tous les mots tracés dans les autres colonnes, de ceux des matières non décomposées, & deviennent simples & clairs par l'addition du mot *gaz* qui précède ces premiers noms. Ainsi on trouve dans la case 3, le *gaz oxigène* ou air vital, dans la case 4 le *gaz hydrogène*, dans la case 5 le *gaz azotique*, & dans la cafe 55 le *gaz ammoniacal* , à côté defquels fe trouvent les noms anciens.

COLONNE III.

On lit en tête de la troifième colonne *combinées avec l'oxigéne* ; il faut toujours fuppofer le titre de la première colonne, & il eft clair que c'eft *des fubftances non décompofées* qu'on veut parler. Cette co-lonne eft une des plus chargées , parce que prefque tous les corps de la première peuvent fe combiner avec l'oxigène. En jettant un coup-d'œil fur fa difpofition & les noms qui y font expofés, on voit d'abord que ces noms font tous compofés de deux mots qui expriment des compofés de deux matières ; le premier de ces mots eft le terme générique d'acide qui indique le caractère falin donné par l'oxigène ; le fecond fpécifie chaque acide , & eft pref-que toujours celui du radical indiqué dans la première colonne. La cinquième cafe de cette troifième colonne préfente l'u-nion de l'*azote* ou *radical nitrique* avec l'oxigène , & il réfulte trois compofés connus de cette union de deux corps , fuivant les proportions de leurs principes ; en effet ou l'azote contient le moins d'oxigène poffible, & alors il forme *la bafe du gaz nitreux* ; ou il en eft faturé, & il conftitue *l'acide nitrique* ; ou il contient moins d'oxigène que ce dernier , mais plus que le gaz nitreux , & il forme *l'acide nitreux*. On voit que c'eft en changeant fimplement la terminaifon du même mot que nous avons exprimé les trois états de cette combinaifon. Il en eft abfolument de même de *l'acide fulfurique* (cafe 7), de *l'acide phofphorique* (cafe 8), de *l'acide acétique* (cafe 13) : ces acides peuvent être chacun dans deux états de combinaifon avec l'oxigène , fuivant les quantités que leurs radicaux ou leurs bafes acidifiables en contiennent. Quand les bafes en font complettement faturées , il en réfulte les acides *fulfurique, acétique* & *phofphorique*. Lorfque ces bafes n'en font pas faturées , & qu'elles font pour ainfi dire en excès fur la quantité de l'oxigène , nous les nommons acides *fulfureux* , *acéteux* , *phofphoreux*, comme on le voit aux cafes déjà citées. Cette terminaifon nous fert à défigner ainfi l'état des acides, d'après les noms déjà employés de vitriolique & de fulfureux , & nous en faifons une règle auffi générale que fimple pour tous les autres acides qui font dans l'un ou l'autre de ces états. Il fera aifé de concevoir d'après cela les noms des acides *carbonique* (cafe 6) , *boracique* (cafe 10), & de tous ceux qui ne préfentent qu'un feul état où la bafe acidifiable eft faturée d'oxigène. Par la même loi de nomenclature, on conçoit que les acides qui font feuls dans une cafe & dont les noms font terminés en *eux*, ont un excès de matière acidifiable ; tels font les acides *tartareux* (cafe 14) , *pyro - tartareux* (cafe 15) , *pyro-ligneux* (cafe 21) , & *pyro-muqueux* (cafe 22). L'acide *muriatique* (cafe 9) , fe trouve dans un état différent de tous les autres ; outre fa com-

binaifon acide faturée d'oxigène , il peut
prendre un excès de ce principe , & alors
il acquiert des propriétés fingulières. Pour
le diftinguer dans cet état particulier ,
nous le nommons *acide muriatique oxigené*
(cafe 9) , & ce troifième nom fimple
& dont la valeur eft bien déterminée ,
pourra s'appliquer par la fuite aux autres
acides , fi on y découvre la propriété de
fe furcharger d'oxigène.

Les cafes inférieures de cette troifième
colonne depuis la 31 jufqu'à la 47 inclufivement , offrent la nomenclature d'un
autre fyftême de corps. On y trouve le
mot *oxide* au commencement de la dénomination compofée ; on a dit dans le
Mémoire précédent les raifons qui nous
ont engagés à fubftituer ce nom à celui
de chaux métalliques ; il eft aifé de voir
que, fans exprimer la qualité faline comme
celui d'*acide* , ce mot annonce cependant
comme ce dernier, une combinaifon de
l'oxigène ; on aura d'ailleurs l'avantage
de pouvoir employer cette dénomination

pour tous les corps susceptibles de s'unir à l'oxigène, & qui dans cette union ne forment point des acides, soit parce que la quantité d'oxigène n'est pas assez abondante, soit parce que leurs bases ne sont pas de nature acidifiable. Ainsi, par exemple, l'acide phosphorique vitrifié ou privé d'une portion d'oxigène par l'action d'un grand feu, est une sorte d'*oxide phosphorique*; le gaz nitreux qui n'est pas plus acide que le verre phosphorique parce qu'il ne contient point assez d'oxigène, est aussi un véritable *oxide nitreux*; ainsi l'hydrogène uni à l'oxigène ne forme point un acide, mais cette union constitue l'eau qui, considérée sous ce point de vue, pourroit être regardée comme un *oxide d'hydrogène*.

Parmi les dix-sept oxides métalliques qui sont présentés depuis la case 31 jusqu'à la case 48, il en est trois qui ne font que des passages de l'état métallique à l'état acide; c'est par défaut d'oxigène que les oxides d'arsenic (case 31), de molibdène (case 32), de tungstène (case 33),

ne font point encore acides. Une plus
grande quantité de ce principe généra-
teur de l'acidité forme les acides *arfénique*,
molibdique, *tunftique* (mêmes cafes). On
a expliqué dans le Mémoire précédent
comment des épithètes prifes de la couleur ou des procédés, nous fervent à
diftinguer les divers oxides du même métal,
comme on peut le voir aux articles des
oxides d'antimoine (cafe 38), des *oxides
de plomb* (cafe 42), & des *oxides de
mercure* (cafe 44), qui fourniffent les
exemples les plus multipliés de cette di-
verfité.

C O L O N N E I V.

La quatrième colonne dont le titre
oxigenées gazeufes annonce les fubftances
fimples combinées tout-à-la-fois & à l'o-
xigène, & avec affez de calorique pour
être portées à l'état de gaz permanens à
la preffion & à la température ordinaires,
ne préfente que fix fubftances connues
dans cet état ; tels font le *gaz nitreux* &

le gaz *acide nitreux* (cafe 5), le gaz *acide carbonique* (cafe 6), le gaz *fulfureux* (cafe 7), les gaz *acide muriatique*, & *acide muriatique oxigéné* (cafe 9), & le gaz *acide fluorique* (cafe 11). Comme aucune autre des fubftances oxigénées n'a pu jufqu'à préfent être mife à l'état de gaz par le calorique, la plupart des cafes de cette quatrième colonne fe trouvant vides, nous avons profité de cette circonftance pour placer des combinaifons particulières, des oxides métalliques, ou des métaux oxigénés, avec diverfes fubftances. Cette colonne fe trouve donc coupée vers fon milieu, & prend le nouveau titre d'*oxides métalliques avec diverfes bafes*. Les cafes 31, 36, 37, 38, 39, 40, 41, 42, 43, 44 & 45, indiquent les combinaifons des oxides métalliques avec le foufre & avec les alkalis ; les premiers portent l'épithète d'*oxides fulfurés*, d'arfenic, de plomb ; le fecond celle d'*oxides métalliques alkalins* ; lorfque chacun de ces compofés varie dans les proportions & conféquem-

ment dans leurs propriétés, nous les dis-
tinguons comme les oxides simples, par
des secondes épithètes prises de la couleur;
ainsi nous disons *oxides d'antimoine sul-
furés gris, rouge, orangé*, &c. (case 38).

COLONNE V.

Si la cinquième colonne qui comprend
les substances simples *oxigénées avec bases*,
ou les sels neutres en général, offre un
plus grand nombre de noms que les précédentes ; c'est qu'il nous a paru néces-
faire de donner ici un plus grand nombre
d'exemples, pour faire voir l'avantage de
cette nomenclature méthodique, sur les
noms anciens, dont la plupart quoique
devant exprimer des combinaisons analogues, étoient tout-à-fait dissemblables.

Un premier coup-d'œil sur les cases de
cette colonne fera voir qu'il règne dans
tous les noms qui y font compris une
uniformité dans la terminaison, dont l'u-
fage confiant dans notre nomenclature est

d'exprimer des composés analogues. Il est aisé de concevoir que cette marche régulière facilitera singulièrement l'étude de la science, & répandra une grande clarté dans les ouvrages de chimie. Les corps désignés dans cette cinquième colonne sont tous des composés de trois substances, des bases acifiables, du principe acidifiant ou de l'oxigène, & des bases terreuses, alkalines ou métalliques ; cependant leur nature n'est indiquée que par deux mots, parce que le premier qui est dérivé de celui de la combinaison oxigène ou acide, renferme en lui l'expression de cette union, & le second appartient uniquement à la base qui sature l'acide. Tous les noms de ces composés sont terminés en *ate* lorsqu'ils contiennent les acides dans leur état de saturation complette par l'oxigène ; leur terminaison est en *ite*, lorsque les acides y sont privés d'une certaine quantité d'oxigène. En considérant les cases de cette colonne depuis la cinquième jusqu'à la trente-quatrième, on voit que nous y avons inféré d'autant plus d'exemples (1), que les acides auxquels elles correspondent ou dont elles contiennent des composés salins, font plus connus & plus employés.

---

(1) Les fels neutres font aujourd'hui très-nombreux, 29 acides connus qui peuvent être faturés chacun par quatre terres diffolubles, trois alkalis & quatorze oxides métalliques non acidifiables, (car il paroît que les oxides acidifiables, comme ceux d'arfenic, de molybdène & de tungftène, ne peuvent pas neutralifer les acides minéraux), forment 609 fortes de fels compofés. Si l'on y ajoute que cinq de ces acides, favoir le nitrique, le fulfurique, le muriatique, l'acétique, le phofphorique, peuvent encore fe combiner dans leurs deux états différens, aux bafes neutralifables, & que plufieurs acides comme le fulfurique, le tartareux, l'oxalique, l'arfénique, peuvent fe faturer de diverfes quantités de bafes, & forment ce que nous appellons les acidules, dont huit fortes bien diftinctes font déjà très-connues (a), on verra que le nombre des fels neutres peut être porté jufqu'à 722 fortes, dont les dénominations peuvent être formées méthodiquement, d'après les 46 ou 48 exemples de ces fels expofés dans le tableau.

(a) Tels font le *fulfate acidule de potaffe* ou tartre vitriolé avec excès d'acide, les *tartrites* ou *oxalates acidules* de potaffe, de foude, d'ammoniaque, ou les crêmes de tartre & les fels d'ofeille faits artificiellement avec les acides tartareux & oxalique purs, unis à une petite quantité de bafes alkalines, & l'*arfeniate acidule de potaffe*, ou le fel neutre arfenical de Macquer.

Ces cases offrent quelques différences principales dans la nomenclature.

1°. Le plus grand nombre comprend des sels dont les noms sont terminés en *ate*, comme les *carbonates* (case 6), les *fluates* (case 11), les *succinates* (case 12), les *gallates* (case 17), les *citrates* (case 18), les *malates* (case 19), les *benzoates* (case 20), les *camphorates* (case 23), les *lactates* (case 24), les *saccho-lates* (case 25), les *formiates* (case 26), les *prussiates* (case 27), les *sébates* (case 28), les *lithiates* (case 29), les *bombiates* (case 30), les *arséniates* (case 31), les *molybdates* (case 32), les *tunstates* (case 33). Cette terminaison identique & unique de ces dix-huit genres de sels neutres annoncent que les acides qui les constituent ne sont connus que dans leur état de saturation complette par l'oxigène ; aussi tous ces acides ont-ils dans la troisième colonne la terminaison uniforme en *ique* d'après les règles de notre nomenclature.

2°. En considérant ensuite les cases 14,

15, 21 & 22 de la cinquième colonne, on n'y trouve que des *tartrites*, des *pyro-tartrites*, des *pyro-lignites*, de *pyro-mucites*, dont la terminaison uniforme annonce des acides avec excès de bases acidifiables, & désigne qu'ils contiennent les acides tartareux, pyro-tartareux, pyroligneux & pyro-muqueux.

3°. Il est dans cette colonne une troisième classe de cases où l'on trouve à-la-fois des sels neutres, dont les noms ont les deux terminaisons indiquées, telles sont les cases 5 où l'on trouve des *nitrates* & des *nitrites*, 7 où l'on trouve des *sulfates* & des *sulfites*, 8 qui présente des *phosphates* & des *phosphites*, & 13 qui rassemble des *acétates* & des *acétites*. Cette double terminaison dans chacune de ces cases, indique assez d'après ce que nous avons exposé plus haut, que les sels auxquels nous l'avons appliquée sont formés par le même acide dans deux proportions d'union avec l'oxigène, en se rappellant toujours que les acides terminés en *ique* forment des ſels neutres terminés en *ate*, & que ceux dont la terminaiſon eſt en *eux*, conſtituent des ſels neutres terminés en *ite*.

4°. Dans pluſieurs des caſes de cette colonne nous avons donné quelques exemples de ſels neutres différens de ceux des deux claſſes diſtinguées juſqu'ici ; c'eſt ainſi que dans la caſe 9 nous avons appellé *muriate oxigéné de potaſſe*, la combinaiſon de l'acide muriatique oxigéné avec la potaſſe, ſel qui eſt très-different du ſimple muriate de potaſſe, & dans lequel M. Berthollet a découvert la propriété de détoner ſur les charbons ardens. Nous avons encore exprimé dans d'autres caſes de la même colonne les combinaiſons ſalines où les acides prédominent, en ajoutant à la dénomination méthodique de ces ſels l'épithète *acidule*, comme dans les caſes 14 où on lit *tartrite acidule de potaſſe*, & 16 qui préſente l'*oxalate acidule de potaſſe*. Enfin nous avons déſigné par l'expreſſion de *ſurſaturés* les ſels neutres où la baſe prédomine, comme on peut le voir dans les caſes cafes 8 où fe trouve un *phofphate fur-faturé de foude*, & 10 où fe trouve le borax ou *borate fur-faturé de foude*.

Si l'on réfléchit à la méthode rigou- reufe & étimologique que nous avons fuivie pour dénommer les fels neutres, & au peu de rapport qu'avoient entr'eux dans l'ancienne nomenclature les noms donnés à des fels de nature femblable; on concevra pourquoi cette colonne eft celle de toutes qui préfente le plus de différence & de changemens, quoiqu'il n'y ait réellement de nouveau que deux termi- naifons variées dans des noms déjà connus.

Colonne VI.

La fixième & dernière colonne de ce tableau qui comprend les fubftances fimples combinées dans leur état naturel, & fans être oxigénées ou acidifiées comme l'in- dique le titre, eft une des plus courtes & ne contient que peu de compofés. Les cafes inférieures depuis la 31ᵉ jufqu'à la 48ᵉ renferment les compofés de métaux entre

G

eux, auxquels nous conſervons les noms d'alliages & d'amalgames adoptés juſqu'actuellement. Au deſſus de celle-ci, on n'en trouve que trois qui offrent une nomenclature nouvelle fondée ſur les mêmes principes que les précédentes ; la caſe 6 offre l'expreſſion *carbure de fer*, qui déſigne la combinaiſon de charbon en nature & de fer, appellée *plombagine*; la caſe 7 préſente les *ſulfures métalliques* ou les combinaiſons du ſoufre en nature avec les métaux, les *ſulfures alkalins* ou les combinaiſons du ſoufre avec les alkalis, le gaz *hydrogène ſulfuré* ou la diſſolution du ſoufre dans le gaz hydrogène ; enfin dans la caſe 8 nous exprimons par le nom générique de *phoſphures métalliques* les compoſés de phoſphore en nature avec les métaux; ainſi nous ſubſtituons au mot *ſyderite* l'expreſſion de *phoſphure de fer* qui déſigne ſans équivoque l'union du phoſphore avec le fer, & nous trouvons dans ces trois mots comparables, *carbure*, *ſulfuré* & *phoſphure* qui ne different que par la terminaiſon de noms très-connus, un moyen de donner une idée exacte de combinaiſons analogues , & de les diſtinguer d'avec tous les autres compoſés.

Au-deſſous de ces ſix colonnes nous avons placé une nomenclature des principaux corps compoſés qui conſtituent les végétaux. Dans cette partie du tableau , nous avons ſimplement choiſi parmi les noms anciens , ceux qui par leur ſimplicité & leur clarté entrent complettement dans les vues que nous nous étions propoſées.

Telle eſt la méthode que nous avons ſuivie dans l'enſemble des noms que comprend ce tableau. Après l'étude facile que ce tableau exige des perſonnes qui voudront connoître notre plan , elles verront bientôt que nous n'avons fait qu'un très-petit nombre de mots , ſi l'on excepte ceux qui étoient indiſpenſables pour déſigner des ſubſtances juſqu'alors inconnues , comme les acides nouvellement découverts. En ſuivant l'ordre des ſubſtances nommées dans la première colonne , d'où tous les autres noms font dérivés , on reconnoîtra que nous n'avons de mots nouveaux que l'*oxigène* , l'*hydrogène* & l'*azote*. Quant aux mots *calorique* , *carbone* , *filice* , *ammoniaque* , ils n'offrent comme tous leurs dérivés dans les colonnes fuivantes que de légers changemens de noms déjà très-bien connus & très-employés. On peut donc affurer que ce n'eft prefqu'entièrement que par des terminaifons nouvelles que notre nomenclature differe de l'ancienne , & que s'il réfulte de ces changemens plus de facilité dans l'étude , plus de clarté dans l'exprefsion , fi fur-tout ils donnent les moyens d'éviter toute équivoque , comme l'effai qui en a déjà été fait cette année (1787) dans les cours du jardin du Roi & du Lycée , nous permet de l'efpérer, la réforme que nous propofons , fondée fur une méthode fimple ne peut être que favorable aux progrès de la chimie.

TABLEAU DE LA NOMENCLATURE CHIMIQUÉ,

PROPOSÉE PAR MM. DE MORVEAU, LAVOISIER, BERTHOLET ET DE FOURCROY, en Mai 1787.

#	Classe	I. SUBSTANCES NON DÉCOMPOSÉES — Noms nouveaux, ou adoptés	I. Noms anciens	II. MISES A L'ÉTAT DE GAZ PAR LE CALORIQUE — Noms nouveaux, ou adoptés	II. Noms anciens	III. COMBINÉES AVEC L'OXIGÈNE — Noms nouveaux	III. Noms anciens	IV. OXIGÉNÉES GAZEUSES — Noms nouveaux	IV. Noms anciens	V. OXIGÉNÉES AVEC BASES — Noms nouveaux	V. Noms anciens	VI. COMBINÉES SANS ÊTRE PORTÉES A L'ÉTAT D'ACIDE — Noms nouveaux	VI. Noms anciens
1		Lumière.											
2		Calorique.	Chaleur latente, ou matière de la chaleur.										
3		Oxigène.	Base de l'air vital.	Gaz oxigène. Nota. Il paroît que la lumière concourt à le mettre en état de gaz.	Air déphlogistiqué, ou air vital.								
4		Hydrogène.	Base du gaz inflammable.	Gaz hydrogène.	Gaz inflammable.	Eau.	Eau.						
5		Azote, ou Radical nitrique.	Base de l'air phlogistiqué, ou de la mofète atmosphérique.	Gaz azotique.	Air phlogistiqué, ou mofète atmosphérique.	Base du gaz nitreux. Acide nitrique. / Et avec excès d'azote. Acide nitreux.	Base du gaz nitreux. Acide nitreux blanc. / Acide nitreux fumant.	Gaz nitreux. Gaz acide nitreux.		Nitrate de potasse, de soude, &c. Nitrite de potasse.	Nitre commun. Nitre cubique.		
6		Carbone, ou Radical carbonique.	Charbon pur.			Acide carbonique.	Air fixe, ou Acide crayeux.	Gaz acide carbonique.	Air fixe, air méphitique.	Carbonate {de chaux, de potasse, &c., de fer, &c.}	Craie. Alkalis effervescens. Rouille de fer, &c.	Carbure de fer.	Plombagine.
7	BASES ACIDIFIABLES	Soufre, ou Radical sulfurique.				Acide sulfurique. / Et avec moins d'oxigène. Acide sulfureux.	Acide vitriolique. / Acide sulfureux.	Gaz acide sulfureux.	Gaz acide sulfureux.	Sulfate {de potasse, de soude, de chaux, d'alumine, de baryte, de fer, &c.} / Sulfite de potasse, &c.	Tartre vitriolé. Sel de Glauber. Sélénite. Alun. Spath pesant. Vitriol de fer. / Sel sulfureux de Stahl.	Sulfure {de fer, d'antimoine, de plomb, &c.} / Gaz hydrogène sulfuré. Sulfure de potasse. Sulfure de soude, &c. Sulfures alkalins tenant des métaux. Sulfure alkalin tenant du charbon.	Pyrite de fer artificielle. Antimoine. Galène. Gaz hépatique. Foies de soufre alkalins. Foies de soufre métalliques. Foie de soufre tenant du charbon.
8		Phosphore, ou Radical phosphorique.				Acide phosphorique. / Et avec moins d'oxigène. Acide phosphoreux.	Acide phosphorique. / Acide phosphorique fumant, ou volatil.			Phosphate {de soude, calcaire, &c.} / Phosphate sursaturé de soude. Phosphite de potasse, &c.	Sel phosphorique à base de natrum. Terre des os. / Sel perlé de Haupt.	Gaz hydrogène phosphorisé. Phosphure de fer.	Gaz phosphorique. Sydérite.
9		Radical muriatique.				Acide muriatique. / Et avec excès d'oxigène. Acide muriatique oxigéné.	Acide marin. / Acide marin déphlogistiqué.	Gaz acide muriatique. / Gaz acide muriatique oxigéné.	Gaz acide marin. / Gaz acide marin déphlogistiqué.	Muriate {de potasse, de soude, calcaire, &c., ammoniacal.} / Muriate oxigéné de soude, &c.	Sel fébrifuge de Sylvius. Sel marin. Sel marin calcaire. Sel ammoniac.		
10		Radical boracique.				Acide boracique.	Sel sédatif.			Borate sursaturé de soude ou borax. Borate de soude, &c. la soude saturée d'acide.	Borax du commerce.		
11		Radical fluorique.				Acide fluorique.	Acide spathique.	Gaz acide fluorique.	Gaz spathique.	Fluate de chaux, &c.	Spath fluor.		
12		Radical succinique.				Acide succinique.	Sel volatil de succin.			Succinate de soude, &c.			
13		Radical acétique.				Acide acéteux. / Et avec plus d'oxigène. Acide acétique.	Vinaigre distillé. / Vinaigre radical.			Acétite {de potasse, de soude, de chaux, d'ammoniaque, de plomb, de cuivre.} / Acétate de soude, &c.	Terre foliée de tartre. Terre foliée minérale. Sel acéteux calcaire. Esprit de Mendereus. Sucre de Saturne. Vert de gris, verdet.		
14		Radical tartarique.				Acide tartareux.				Tartrite acidule de potasse. Tartrite de potasse. Tartrite de soude, &c.	Crême de tartre. Sel végétal. Sel de Seignette.		
15		Radical pyro-tartarique.				Acide pyro-tartareux.	Acide tartareux empyreumatique, ou esprit de tartre.			Pyro-tartrite de chaux. Pyro-tartrite de fer, &c.			
16		Radical oxalique.				Acide oxalique.	Acide saccharin.			Oxalate acidule de potasse. Oxalate de chaux, de soude, &c.	Sel d'oseille.		
17		Radical gallique.				Acide gallique.	Principe astringent.			Gallate {de soude, de magnésie, de fer, &c.}			
18		Radical citrique.				Acide citrique.	Suc de citron.			Citrate de potasse. Citrate de plomb, &c.	Terre foliée avec le suc de citron.		
19		Radical malique.				Acide malique.	Acide des pommes.			Malate du chaux, &c.			
20		Radical benzoïque.				Acide benzoïque.	Fleurs de benjoin.			Benzoate alumineux, de fer, &c.			
21		Radical pyro-lignique.				Acide pyro-ligneux.	Esprit de bois.			Pyro-lignite de chaux. Pyro-lignite de zinc, &c.			
22		Radical pyro-muqueux.				Acide pyro-muqueux.	Esprit de miel, de sucre, &c.			Pyro-mucite de magnésie. Pyro-mucite ammoniacal, &c.			
23		Radical camphorique.				Acide camphorique.				Camphorate de soude, &c.			
24		Radical lactique.				Acide lactique.	Acide du lait.			Lactate de chaux, &c.			
25		Radical sacche-lactique.				Acide sacche-lactique.	Acide du sucre de lait.			Saccholate de fer, &c.			
26		Radical formique.				Acide formique.	Acide des fourmis.			Formiate ammoniacal, &c.	Esprit de magnanimité.		
27		Radical prussique.				Acide prussique.	Matière colorante du bleu de Prusse.			Prussiate de potasse, &c. Prussiate de fer, &c.	Alkali phlogistiqué, ou Alkali prussien. Bleu de Prusse.		
28		Radical sébacique.				Acide sébacique.	Acide de la graisse.			Sébate de chaux, &c.			
29		Radical lithique.				Acide lithique.	Calcul de la vessie.			Lithiate de soude, &c.			
30		Radical bomb.que.				Acide bombique.	Acide du ver à soie.			Bombiate de fer, &c.			

OXIDES AVEC DIVERSES BASES(*).

#	Classe	I. Noms nouveaux	I. Noms anciens	III. Noms nouveaux	III. Noms anciens	IV. Noms nouveaux	IV. Noms anciens	V. Noms nouveaux	V. Noms anciens	VI. Noms nouveaux	VI. Noms anciens
31		L'Arsenic.	Régule d'arsenic.	Oxide d'arsenic. / Et avec plus d'oxigène. Acide arsénique.	Arsenic blanc, ou chaux d'arsenic. / Acide arsénical.	Oxide d'arsenic sulfuré {jaune, rouge.} / Oxide arsenical de potasse.	Orpiment. Réalgar. Foie d'arsenic.	Arséniate de potasse, &c. Arséniate de cuivre, &c.	Sel neutre arsénical de Macquer.	Alliage d'arsenic & d'étain.	Etain arsénical.
32		Le Molibdène.		Oxide de molibdène. Acide molibdique.	Chaux de molibdène.	Sulfure de molibdène.	La molibdène.	Molibdate.		Alliage, &c.	
33		Le Tungstène.		Oxide de tungstène. Acide tungstique.	Chaux jaune de tungstène.			Tungstate calcaire.	Tungstène des Suédois.	Alliage, &c.	
34	SUBSTANCES MÉTALLIQUES	Le Manganèse.	Régule de manganèse.	Oxide de manganèse {blanc, noir, vitreux.}	La Manganèse.					Alliage de manganèse & de fer.	
35		Le Nickel.		Oxide de nickel.	Chaux de nickel.					Alliage de nickel, &c.	
36		Le Cobalt.	Régule de cobalt.	Oxide de cobalt {gris, vitreux.}	Chaux de cobalt.	Oxides cobaltiques alkalins.	Précipité de cobalt rediffous par les alkalis.			Alliage, &c.	
37		Le Bismuth.		Oxide de bismuth {blanc, jaune, vitreux.}	Magistère de bismuth, ou blanc de fard. Chaux jaune de bismuth. Verre de bismuth.	Oxide de bismuth sulfuré.	Bismuth précipité par le foie de soufre.			Alliage, &c.	
38		L'Antimoine.	Régule d'antimoine.	Oxide d'antim. {blanc {par l'acide nitreux, par l'acide muriatique sublimé, vitreux.}}	Antimoine diaphorétique. Poudre d'Algaroth. Fleurs ou neige d'antimoine. Verre de régule d'antimoine.	Oxide d'antimoine sulfuré {gris, rouge, orangé, vitreux.} / Oxide d'antim. alkalin.	Chaux grise d'antimoine. Kermès minéral. Soufre doré. Verre & foie d'antimoine. Fondans de Rotrou.			Alliage, &c.	
39		Le Zinc.		Oxide de zinc. Oxide de zinc sublimé.	Chaux de zinc. Fleurs de zinc, Pompholix, &c.	Oxide de zinc sulfuré.	Précipité de zinc par le foie de soufre, ou blende artificielle.			Alliage, &c.	
40		Le Fer.		Oxide de fer {noir, rouge.}	Ethiops martial. Safran de Mars astringent.	Oxide de fer sulfuré.				Alliage, &c.	
41		L'Étain.		Oxide d'étain blanc.	Chaux, ou potée d'étain.	Oxid. d'étain sulfuré jaune.	Or mussif.			Alliage, &c.	
42		Le Plomb.		Oxide de plomb {blanc, jaune, rouge, vitreux.}	Céruse, ou blanc de plomb. Massicot. Minium. Litharge.	Oxide de plomb sulfuré.				Alliage, &c.	
43		Le Cuivre.		Oxide de cuivre {rouge, verd, bleu.}	Chaux brune de cuivre. Chaux verte de cuivre ou verd de gris. Bleu de montagne.	Oxide de cuivre ammoniacal.				Alliage, &c.	
44		Le Mercure.		Oxide mercuriel {noirâtre, jaune, rouge.}	Ethiops per se. Turbith minéral. Précipité per se.	Oxide de mercure sulfuré {noir, rouge.}	Ethiops minéral. Cinabre.			Alliage ou amalgame de, &c.	
45		L'Argent.		Oxide d'argent.	Chaux d'argent.	Oxide d'argent sulfuré.				Alliage, &c.	
46		Le Platine.	La Platine.	Oxide de platine.	Chaux de platine.					Alliage de platine & or.	
47		L'Or.		Oxide d'or.	Chaux d'or.					Alliage, &c.	
48	TERRES	Le Silice.	Terre vitrifiable, quartz, &c.								
49		L'Alumine.	Argile, ou terre d'alun.								
50		La Baryte.	Terre pesante.								
51		La Chaux.	Terre calcaire.								
52		La Magnésie.									
53	ALKALIS	La Potasse.	Alkali fixe végétal du tartre, &c.								
54		La Soude.	Alkali minéral, marin. Natrum.								
55		L'Ammoniaque.	Alkali volatil fluor, ou caustique.	Gaz ammoniacal.	Gaz alkalin.						

DÉNOMINATIONS APPROPRIÉES DE DIVERSES SUBSTANCES PLUS COMPOSÉES ET QUI SE COMBINENT SANS DÉCOMPOSITION.

	1	2	3	4	5	6	7	8	9	10	11	12	13	14	15	16	17
NOMS NOUVEAUX	Le Muqueux.	Le Glutineux, ou le Gluten.	Le Sucre.	L'Amidon.	L'Huile fixe.	L'Huile volatile.	L'Arome.	La Résine.	L'Extractif.	L'Extracto-résineux {quand l'extracto-résineux l'emporte.}	Le Résino-extractif {quand le résino-extractif l'emporte.}	La Fécule.	Alcohol, ou Esprit-de-vin.	Alcohol {de sucre, de gomme, de miel, etc.}	Alcohol {nitreux, gallique, muriatique.}	Éther {sulfurique, muriatique, nitreux, acéteux, etc.}	Savons {terreux, acides, métalliques, etc. Savons de thérébentine, etc.}
NOMS ANCIENS	Le Mucilage.	La matière glutineuse.	La matière sucrée.	La matière amilacée.	L'Huile grasse.	L'Huile essentielle.	L'Esprit recteur.	La Résine.	La matière extractive.			La Fécule.	Esprit-de-vin.	Teinture {...}, Esprit de nitre {...}, Teinture de noix de galles, &c.		Éthers {...}	Savons {alkalins, terreux, ... Combinaisons des huiles volatiles avec les bases, etc.}

(*) Comme les substances placées dans le bas de cette colonne ne peuvent pas être mises en état de gaz, ainsi que plusieurs de celles qui font situées au-dessus; nous avons changé le titre de cette colonne, & à l'aide de celui que nous y substituons, nous exprimons des combinaisons particulières de nature.

AVERTISSEMENT

Sur les deux Synonimies.

Nous avons cru devoir joindre au tableau général de nomenclature méthodique, dans lequel est exposé l'ensemble du système que nous proposons, une synonimie détaillée de tous les mots dont on s'est servi pour exprimer les préparations chimiques ; nous présentons ici cette synonimie sous la forme de deux dictionnaires ; dans le premier ce sont d'abord les mots anciens qui sont disposés suivant leur ordre alphabétique, & à côté desquels on trouve les noms nouveaux ou adoptés qui leur correspondent. A l'aide de ce dictionnaire, on pourra non - seulemenr savoir quels noms nous avons donnés aux différens composés chimiques ; mais encore les personnes qui ne sont pas familiarisées avec la plupart des préparations, dont les noms anciens ne sont souvent rien moins que propres à les faire connoître, trouveront en lisant les synonimes nouveaux, une espèce de définition assez claire dans les mots mêmes qui composent ces synonimes, pour qu'elles se rappellent facilement les composés dont il est question.

Le second dictionnaire est l'opposé du premier, & nous croyons qu'il ne sera pas moins utile.

Les mots nouveaux y sont présentés dans l'ordre alphabétique, & ils sont accompagnés de tous leurs synonimes anciens. Dans celui-ci nous avons eu pour objet de réunir la synonimie la plus complette, afin d'éviter aux étudians ces difficultés qu'offrent plusieurs autres sciences & en particulier la botanique & la minéralogie, dans lesquelles l'immense quantité de noms différens donnés à une même chose a produit une confusion & une obscurité que les travaux des hommes les plus infatigables n'ont point encore pu éclaircir.

Nous faisons voir dans ce second dictionnaire que la même substance à souvent reçu, huit, dix, ou douze noms différens, que la plûpart de ces noms n'avoient que peu ou point de rapport avec les choses auxquelles ils avoient été donnés, ce qui a dû nécessairement arriver dans une science, que les premiers auteurs ne cherchoient qu'à couvrir d'un voile mystérieux & dans l'histoire de laquelle on peut suivre différentes époques, ou les savans qui l'ont cultivée ne sont arrivés que par degrés insensibles à la connoissance exacte des composés. Cependant pour éviter trop de longueur & d'obscurité, nous avons eu soin de ne point reproduire ici les noms donnés autrefois par les alchimistes, & qui n'étant fondés que sur des idées chimériques ou absurdes, ont heureusement été oubliés, depuis que la chimie a marché d'un pas égal avec la physique expérimentale.

L'une & l'autre de ces synonimies aura donc son usage particulier. La première qui pourra servir de table aux ouvrages

de chimie publiés jusqu'ici, exposera la nomenclature méthodique adaptée à chaque
mot ancien. Dans celle-ci comme dans
la suivante, nous n'avons réuni que les
noms des corps simples ou composés,
des préparations chimiques, & nous
n'avons exposé aucun de ceux qui désignent les opérations mêmes, parce que
nous n'avons fait aucun changement à ces
derniers mots. La seconde synonimie est
plus complette & contient beaucoup plus
de mots que la première, parce qu'elle
fait connoître beaucoup de composés dûs
aux travaux des modernes, & qui n'avoient
point de noms il y a quelques années.
Cette nomenclature peut donc être regardée en quelque sorte comme un inventaire des connoissances actuelles en
chimie.

Dans l'une & dans l'autre on trouvera
quelquefois parmi les noms nouveaux
quelques synonimes ; nous les conservons,
soit pour ne pas perdre la trace de quelques
dénominations dont l'usage est général,

foit pour laiffer le choix de quelques expreffions diverfement terminées, deftinées
à répandre de la variété dans le difcours,
& à éviter une monotonie peut-être faf-
tidieufe. Telle eft, par exemple, la terminaifon des fels neutres, qui préfente leur
bafe ou en fubftantif ou en adjectif au
choix de l'écrivain. On trouvera auffi
dans les livres de chimie quelques mots
dont nous ne faifons point mention dans
les fynonimies, parce qu'ils ont été donnés
à des compofés dont la nature n'eft point
encore exactement connue; & fi l'on a
bien faifi la marche rigoureufe que nous
nous fommes tracée, on verra qu'il nous
étoit impoffible de nommer des combinaifons mal connues.

Nous avons mis quelques définitions
à plufieurs des dénominations générales
ou particulières, foit lorfque nous avons
eu quelques doutes fur les compofés dont
il y eft queftion, foit lorfque nous avons
parlé de corps nouvellement découverts.

La feconde fynonimie qui expofe les

noms nouveaux par ordre alphabétique,
& leurs synònimes anciens , présente en
même-temps la traduction latine des dénominations nouvelles ; nous avons suivi
le mêmé plan pour les mots latins ; la
terminaison uniforme , & les loix des dérivés font toujours les deux principes
qui nous ont guidés dans ce travail. Il
auroit été incomplet fi nous n'avions offert
aux favans de toutes les nations , le moyen
de s'exprimer d'une manière uniforme &
d'être entendus facilement. A mefure que
la fcience acquerra de nouvelles lumières , on ajoutera aifément les noms appropriés d'après la méthode que nous avons
affez fait connoître dans les Mémoires
précédens.

SYNONIMIE

Ancienne & nouvelle par ordre alphabétique.

A

Noms anciens.	Noms nouveaux, ou adoptés.
ACETE ammoniacal.	Acétite ammoniacal. — d'ammoniaque.
Acete calcaire.	Acétite calcaire. — de chaux.
Acete d'argile.	Acétite alumineux. — d'alumine.
Acete de cuivre.	Acétite de cuivre.
Acete de magnésie.	Acétite magnésien. — de magnésie.
Acete de plomb.	Acétite de plomb.
Acete de soude.	Acétite de soude.
Acete de potasse.	Acétite de potasse.
Acete de zinc.	Acétite de zinc.
Acete martial.	Acétite de fer.
Acete mercuriel.	Acétite de mercure. — mercuriel.
Acide acéteux.	Acide acéteux.
Acide aérien.	Acide carbonique.

Noms anciens.	Noms nouveaux.
Acide arſénical.	Acide arſénique.
Acide benzonique.	Acide benzoïque.
Acide boracin.	Acide boracique.
Acide charbonneux.	Acide carbonique.
Acide citronien.	Acide citrique.
Acide crayeux.	Acide carbonique.
Acide des fourmis.	Acide formique.
Acide des pommes.	Acide malique.
Acide du benjoin.	Acide benzoïque.
Acide du ſel.	Acide muriatique.
Acide du ſoufre.	Acide ſulfurique.
Acide du ſuccin.	Acide ſuccinique.
Acide du ſucre.	Acide oxalique.
Acide du ſuif.	Acide ſébacique.
Acide du vinaigre.	Acide acéteux.
Acide du Wolfram, de MM. Delhuyar.	Acide tunſtique.
Acide fluorique.	Acide fluorique.
Acide formicin.	Acide formique.
Acide galactique.	Acide lactique.
Acide gallique.	Acide gallique.
Acide lignique.	Acide pyro-ligneux.
Acide lithiaſique.	Acide lithique.
Acide maluſien.	Acide malique.
Acide marin.	Acide muriatique.
Acide marin déphlogiſtiqué.	Acide muriatique oxigéné.

Noms anciens.	Noms nouveaux.
Acide méphitique.	Acide carbonique.
Acide molybdique.	Acide molibdique.
Acide nitreux blanc.	Acide nitrique.
Acide nitreux dégazé.	Acide nitrique.
Acide nitreux déphlogis-tiqué.	Acide nitrique.
Acide nitreux phlogisti-tiqué.	Acide nitreux.
Acide oxalin.	Acide oxalique.
Acide perlé.	Phosphate de soude surfaturé.
Acide phosphorique dé-phlogistiqué.	Acide phosphorique.
Acide phosphorique phlo-gistiqué.	Acide phosphoreux.
Acide saccharin.	Acide oxalique.
Acide sacchlactique.	Acide saccho-lactique.
Acide sébacé.	Acide sébacique.
Acide sédatif.	Acide boracique.
Acide spathique.	Acide fluorique.
Acide sulfureux.	Acide sulfureux.
Acide syrupeux.	Acide pyro-muqueux.
Acide tartareux.	Acide tartareux.
Acide tungstique.	Acide tunstique.
Acide vitriolique.	Acide sulfurique.
Acide vitriolique phlogis-tiqué.	Acide sulfureux.

Noms anciens.	Noms nouveaux.
Acidum pingue.	Principe hypothètique de Meyer.
Acier.	Acier.
Affinités.	Affinités ou attractions chimiques.
Aggrégation.	Aggrégation.
Aggrégés.	Aggrégés.
Air acide vitriolique.	Gaz acide sulfureux.
Air alkalin.	Gaz ammoniacal.
Air atmosphérique.	Air atmosphérique.
Air déphlogistiqué.	Gaz oxigène.
Air du feu de Schéele.	Gaz oxigène.
Air factice.	Gaz acide carbonique.
Air fixe.	Gaz acide carbonique.
Air gâté.	Gaz azotique.
Air inflammable.	Gaz hydrogène.
Air phlogistiqué.	Gaz azotique.
Air puant du soufre.	Gaz hydrogène sulfuré.
Air putride.	
Air solide de Hales.	Gaz acide carbonique.
Air vicié.	Gaz azotique.
Air vital.	Gaz oxigène.
Airain.	Airain ou alliage de cuivre & d'étain.

Noms anciens.	Noms nouveaux.
Alkaeſt.	Diſſolvant univerſel, dont l'exiſtence a été ſuppoſée par les Alchimiſtes.
Alkaeſt de Reſpour.	Potaſſe mêlée d'oxide de zinc.
Alkaeſt de Vanhelmont.	Carbonate de potaſſe.
Alkalis en général.	Alkalis.
Alkalis cauſtiques.	Alkalis.
Alkalis efferveſcens.	Carbonates alkalins.
Alkali fixe du tartre non cauſtique.	Carbonate de potaſſe.
Alkali fixe du tartre cauſtique.	Potaſſe.
Alkali fixe végétal.	Carbonate de potaſſe.
Alkali marin cauſtique.	Soude.
Alkali marin non cauſtique.	Carbonate de ſoude.
Alkali minéral aéré.	Carbonate de ſoude.
Alkali minéral cauſtique.	Soude.
Alkali minéral efferveſcent.	Carbonate de ſoude.
Alkali phlogiſtiqué.	Pruſſiate de potaſſe ferrugineux non ſaturé.
Alkali pruſſien.	Pruſſiate de potaſſe ferrugineux.
Alkali végétal aéré.	Carbonate de potaſſe.

Noms anciens.	Noms nouveaux.
Alkali végétal caustique.	Potasse.
Alkali volatil caustique.	Ammoniaque.
Alkali volatil concret.	Carbonate ammoniacal.
Alkali volatil effervescent.	Carbonate ammoniacal.
Alkali volatil fluor.	Ammoniaque.
Alkali urineux.	Ammoniaque.
Alliage des métaux.	Alliage.
Alun.	{ Sulfate d'alumine. — alumineux.
Alun marin.	{ Muriate d'alumine. — alumineux.
Alun nitreux.	{ Nitrite d'alumine. — alumineux.
Amalgame d'argent.	Amalgame d'argent.
Amalgame de bismulh.	Amalgame de bismuth.
Amalgame de cuivre.	Amalgame de cuivre.
Amalgame d'étain.	Amalgame d'étain.
Amalgame d'or.	Amalgame d'or.
Amalgame de plomb,	Amalgame de plomb.
Amalgame de zinc.	Amalgame de zinc.
Ambre jaune.	Succin.
Amidon.	Amidon.
Ammoniac arsenical (sel)	{ Arseniate ammoniacal. — d'ammoniaque.
Ammoniac crayeux (sel)	{ Carbonate ammoniacal. — d'ammoniaque.

Ammoniac

Noms anciens.	Noms nouveaux.
Ammoniac nitreux. (sel)	Nitrite ammoniacal. — d'ammoniaque.
Ammoniac phosphorique. (sel)	Phosphate ammoniacal. — d'ammoniaque.
Ammoniac spathique. (sel)	Fluate ammoniacal. — d'ammoniaque.
Ammoniac tartareux. (sel)	Tartrite ammoniacal. — d'ammoniaque.
Ammoniac vitriolique. (sel)	Sulfate ammoniacal. — d'ammoniaque.
Antimoine. (mine d')	Sulfure d'antimoine natif.
Antimoine crud.	Sulfure d'antimoine.
Antimoine diaphorétique.	Oxide d'antimoine blanc par le nitre.
Aqua stygia.	Acide nitro-muriatique par le muriate ammoniacal.
Aquila alba.	Muriate mercuriel doux sublimé.
Arbre de Diane.	Amalgame d'argent cristallisé.
Arcane corallin.	Oxide de mercure rouge par l'acide nitrique.
Arcanum duplicatum.	Sulfate de potasse.

H

Noms anciens.	Noms nouveaux.
Argent.	Argent.
Argent corné.	Muriate d'argent.
Argile.	{ Argile (mêlange d'alumine & de silice.)
Argile pure.	Alumine.
Argile crayeuse.	{ Carbonate alumineux. — d'alumine.
Argile spathique.	{ Fluate alumineux. — d'alumine.
Arsenic. (régule d')	Arsenic.
Arsenic blanc. (chaux d')	Oxide d'arsenic.
Arsenic rouge.	{ Oxide d'arsenic sulfuré rouge.
Arséniate de potasse.	Arséniate de potasse.
Attractions électives.	Attractions électives.
Azur de cobalt, ou des quatre feux.	Oxide de cobalt vitreux & silice.

B.

Barote.	Baryte.
Barote effervescente.	Carbonate barytique.
Base de l'air vital.	Oxigène.
Base du sel marin.	Soude.
Baumes de Bucquet.	Baumes.
Voyez la nouvelle Nomenclature.	

Noms anciens.	Noms nouveaux.
Baume de soufre.	Sulfure d'huile volatile.
Benjoin.	Benjoin.
Benzones.	Benzoates.
Beurre d'antimoine.	Muriate d'antimoine sublimé.
Beurre d'arsenic.	Muriate d'arsenic sublimé.
Beurre de bismuth.	Muriate de bismuth sublimé.
Beurre d'étain.	Muriate d'étain sublimé.
Beurre d'étain solide, de M. Baumé.	Muriate d'étain concret.
Beurre de zinc.	Muriate de zinc sublimé.
Bézoard minéral.	Oxide d'antimoine.
Bismuth.	Bismuth.
Bitumes.	Bitumes.
Blanc de fard.	Oxide de bismuth blanc par l'acide nitreux.
Blanc de plomb.	Oxide de plomb blanc par l'acide acéteux.
Blende, ou fausse galène.	Sulfure de zinc.
Bleu de Berlin.	Prussiate de fer.
Bleu de Prusse.	Prussiate de fer.
Borax ammoniacal.	Borate ammoniacal.

H ij

Noms anciens.	Noms nouveaux.
Borax argileux.	{ Borate alumineux. — d'alumine.
Borax brut.	{ Borax de foude, ou Borate furfaturé de foude.
Borax calcaire.	{ Borate calcaire. — de chaux.
Borax d'antimoine.	Borate d'antimoine.
Borax de cobalt.	Borate de cobalt.
Borax de cuivre.	Borate de cuivre.
Borax de zinc.	Borate de zinc.
Borate magnéfien.	{ Borate magnéfien. — de magnéfie.
Borax martial.	Borate de fer.
Borax mercuriel.	Borate de mercure.
Borax pefant, ou baro-tique.	Borate barytique. — de baryte.
Borax végétal.	Borate de potaffe.
Bronze, ou airain.	{ Alliage de cuivre & d'étain.

C.

Calcul de la veffie.	Acide lithique.
Caméléon minéral.	{ Oxide de manganèfe & potaffe.
Camphre.	Camphre.

Noms anciens.	Noms nouveaux.
Camphorites. (*sels*)	Camphorates.
Causticum.	Principe hypothétique de Meyer.
Céruse.	Oxide de plomb blanc par l'acide acéteux, *mêlé de craie.*
Céruse d'antimoine.	Oxide d'antimoine blanc par précipitation.
Chaleur latente.	Calorique.
Charbon pur.	Carbone.
Chaux d'antimoine vitrifiée.	Oxide d'antimoine vitreux.
Chaux métalliques.	Oxides métalliques.
Chaux vive.	Chaux.
Cinnabre.	Oxide de mercure sulfuré rouge.
Citrates. (*sels*)	Citrates.
Cobalt , ou Cobolt.	Cobalt.
Colcothar.	Oxide de fer rouge par l'acide sulfurique.
Couperose blanche.	Sulfate de zinc.
Couperose bleue.	Sulfate de cuivre.
Couperose verte.	Sulfate de fer.
Craie ammoniacale.	Carbonate ammoniacal.
Craie barotique.	Carbonate barytique.
Craie de plomb.	Carbonate de plomb.

H iij

Noms anciens.	Noms nouveaux.
Craie de foude.	Carbonate de foude.
Craie de zinc.	Carbonate de zinc.
Craie magnéfienne.	{ Carbonate magnéfien. / — de magnéfie.
Craie martiale.	Carbonate de fer.
Craie, ou fpath cal-caire.	{ Carbonate calcaire. / — de chaux.
Crême de chaux.	Carbonate calcaire.
Crême, ou criftaux de tartre.	{ Tartrite acidule de potaffe.
Criftal minéral.	{ Nitrite de potaffe mêlé / de fulfate de potaffe.
Criftaux de lune.	Nitrate d'argent.
Criftaux de foude.	Carbonate de foude.
Criftaux de Vénus.	{ Acétite de cuivre crif-tallifé.
Crocus metallorum.	{ Oxide d'antimoine ful-furé demi-vitreux.
Cuivre.	Cuivre.
Cuivre jaune.	{ Alliage de cuivre & de / zinc ou laiton.

D.

DEMI-MÉTAUX.	Demi-métaux.
Diamant.	Diamant.

E.

Noms anciens.	Noms nouveaux.
Eau.	Eau.
Eau aérée.	Acide carbonique.
Eau de chaux.	Eau de chaux.
Eau de chaux pruſſienne.	Pruſſiate de chaux.
Eau diſtillée.	Eau diſtillée.
Eau forte.	Acide nitreux du commerce.
Eaux gazeuſes.	Eaux imprégnées d'acide carbonique.
Eaux mères.	Réſidu ſalin déliqueſcent.
Eau mercurielle.	Nitrate de mercure en diſſolution.
Eau régale.	Acide nitro - muriatique.
Eaux acidules.	Eaux acidules ou eaux imprégnées d'acide carbonique.
Eaux hépatiques.	Eaux ſulfureuſes, ou eaux ſulfurées.
Emétique.	Tartrite de potaſſe antimoniale.
Empyrée.	Gaz oxigène.

H iv

Noms anciens.	Noms nouveaux.
Encre de sympathie par le cobalt.	Muriate de cobalt.
Esprit acide du bois.	Acide pyro-ligneux.
Esprit alkalin volatil.	Gas ammoniaque, ou ammoniacal.
Esprit ardent, ou esprit de vin.	Alcohol.
Esprit de Mendererus.	Acétite ammoniacal.
Esprit de nitre.	Acide nitrique étendu d'eau.
Esprit de nitre fumant.	Acide nitreux.
Esprit de nitre dulcifié.	Alcohol nitrique.
Esprit de sel.	Acide muriatique.
Esprit de sel ammoniac.	Ammoniaque.
Esprit de vin.	Alcohol.
Esprit de vitriol.	Acide sulfurique étendu d'eau.
Esprit de Vénus.	Acide acétique.
Esprit recteur.	Arome.
Esprits acides.	Acides étendus d'eau.
Esprit volatil de sel ammoniac.	Ammoniaque étendu d'eau.
Essences.	Huiles volatiles.
Etain.	Etain.
Etain corné.	Muriate d'étain.
Ether acéteux.	Ether acétique.
Ether marin.	Ether muriatique.

Noms anciens.	Noms nouveaux.
Ether nitreux.	Ether nitrique.
Ether vitriolique.	Ether sulfurique.
Ethiops martial.	Oxide de fer noir.
Ethiops minéral.	Oxide de mercure sulfuré noir.
Ethiops per se.	Oxide mercuriel noirâtre.
Extrait.	L'extractif.

F.

Fécule des plantes.	Fécule.
Fer, ou mars.	Fer.
Fer aéré.	Carbonate de fer.
Fer d'eau.	Phosphate de fer.
Fleurs ammoniacales cuivreuses.	Muriate ammoniacal de cuivre sublimé.
Fleurs ammoniacales martiales.	Muriate ammoniacal de fer sublimé.
Fleurs argentines de régule d'antimoine.	Oxide d'antimoine sublimé.
Fleurs d'arsenic.	Oxide d'arsenic sublimé.
Fleurs de benjoin.	Acide benzoïque sublimé.
Fleurs de bismuth.	Oxide de bismuth sublimé.
Fleurs d'étain.	Oxide d'étain sublimé.

Noms anciens.	Noms nouveaux.
Fleurs métalliques.	Oxides métalliques su-blimés.
Fleurs de soufre.	Soufre sublimé.
Fleurs de zinc.	Oxide de zinc sublimé.
Fluides aériformes.	Gaz.
Fluides élastiques.	Gaz.
Fluor ammoniacal.	Fluate ammoniacal. / — d'ammoniaque.
Fluor argileux.	Fluate alumineux. / — d'alumine.
Fluor de potasse.	Fluate de potasse.
Fluor de soude.	Fluate de soude.
Fluor magnésien.	Fluate magnésien. / — de magnésie.
Fluor pesant.	Fluate barytique. / — de baryte.
Foie d'antimoine.	Oxide d'antimoine sul-furé.
Foie d'arsenic.	Oxide arsenical de po-tasse.
Foie de soufre alkalin volatil.	Sulfure ammoniacal. / — d'ammoniaque.
Foie de soufre antimonié.	Sulfure alkalin anti-monié.
Foie de soufre barotique.	Sulfure barytique. / — de baryte.
Foie de soufre calcaire.	Sulfure calcaire. / — de chaux.

Noms anciens.	Noms nouveaux.
Foie de soufre magnésien.	Sulfure de magnésie. — magnésien.
Foies de soufre.	Sulfures alkalins.
Foies de soufre terreux.	Sulfures terreux.
Formiates. (sels)	Formiates.

G.

Noms anciens.	Noms nouveaux.
GALACTES. (sels)	Lactates.
Gaz acide acéteux.	Gaz acide acéteux.
Gaz acide crayeux.	Gaz acide carbonique.
Gaz acide marin.	Gaz acide muriatique.
Gaz acide muriatique aéré.	Gaz acide muriatique oxigéné.
Gaz acide nitreux.	Gaz acide nitreux.
Gaz acide spathique.	Gaz acide fluorique.
Gaz acide sulfureux.	Gaz acide sulfureux.
Gaz alkalin.	Gaz ammoniacal.
Gaz hépatique.	Gaz hydrogène sulfuré.
Gaz inflammable.	Gaz hydrogène.
Gaz inflammable charbonneux.	Gaz hydrogène carboné.
Gaz inflammable des marais.	Gaz hydrogène des marais, (mêlange de gaz hydrogène carboné, & de gaz azotique.)

Noms anciens.	Noms nouveaux.
Gaz méphitique.	Gaz acide carbonique.
Gomme ou mucilage.	Gomme.
Gaz phlogistiqué.	Gaz azotique.
Gaz nitreux.	Gaz nitreux.
Gaz phosphorique de M. Gengembre.	Gaz hydrogène phosphoré.
Gaz Prussien.	Gaz acide prussique.
Gaz.	Gaz.
Gilla vitrioli.	Sulfate de zinc.
Gluten du froment.	Gluten ou glutineux.

H.

Noms anciens.	Noms nouveaux.
HÉPARS.	Sulfures.
Huiles animales.	Huiles volatiles animales.
Huile de chaux.	Muriate calcaire.
Huile de tartre par défaillance.	Potasse mêlangée de carbonate de potasse en déliquescence.
Huile des philosophes.	Huiles fixes empyreumatiques.
Huile de vitriol.	Acide sulfurique.
Huile douce du vin.	Huile éthérée.
Huiles empyreumatiques.	Huiles empyreumatiques.

Noms anciens.	Noms nouveaux.
Huiles éthérées.	Huiles volatiles.
Huiles graſſes.	Huiles fixes.
Huiles eſſentielles.	Huiles volatiles.
Huiles par expreſſion.	Huiles fixes.

J.

JUPITER.	Etain.

K.

KERMÉS minéral.	{ Oxide d'antimoine ſulfuré rouge.

L.

LAINE philoſophique.	Oxide de zinc ſublimé.
Lait de chaux.	{ Chaux délayée dans l'eau.
Laiton.	{ Alliage du cuivre & de zinc, ou laiton.
Leſſive des ſavonniers.	Diſſolution de ſoude.
Lignites. (ſels)	Pyro-lignites.
Lilium de Paracelſe.	Alcohol de potaſſe.
Liqueur des cailloux.	{ Potaſſe ſilicée en liqueur.
Liqueur fumante de Boyle.	{ Sulfure ammoniacal. — d'ammoniaque.

Noms anciens.	Noms nouveaux.
Liqueur fumante de Libavius.	Muriate d'étain fumant.
Litharge.	Oxide de plomb demi-vitreux, ou litharge.
Liqueur saturée de la partie colorante du bleu de Prusse.	Prussiate de potasse.
Lumière.	Lumière.
Lune.	Argent.
Lune cornée.	Muriate d'argent.

M.

Magistere de bismuth.	Oxide de bismuth par l'acide nitrique.
Magistère de soufre.	Soufre précipité.
Magistère de plomb.	Oxide de plomb précipité.
Magnésie blanche.	Carbonate de magnésie.
Magnésie aérée de Bergman.	Carbonate de magnésie.
Magnésie caustique.	Magnésie.
Magnésie crayeuse.	Carbonate de magnésie.
Magnésie effervescente.	Carbonate de magnésie.
Magnésie fluorée.	Fluate de magnésie.
Magnésie noire.	Oxide de manganèse noire.

Noms anciens.	Noms nouveaux.
Magnésie spathique.	Fluate de magnésie.
Malusites. (*sels*)	Malites de potasse, de soude, &c.
Massicot.	Oxide de plomb jaune.
Matière de la chaleur.	Calorique.
Matiere du feu.	Ce mot a été employé pour désigner la lumière, le calorique & le phlogistique.
Matière perlée de Kerkringius.	Oxide d'antimoine blanc par précipitation.
Méphite ammoniacal.	Carbonate ammoniacal. — d'ammoniaque.
Méphite barotique.	Carbonate barytique. — de baryte.
Méphite calcaire.	Carbonate calcaire. — de chaux.
Méphite de magnésie.	Carbonate magnésien. — de magnésie.
Méphite de plomb.	Carbonate de plomb.
Méphite de zinc.	Carbonate de zinc.
Méphite martial.	Carbonate de fer.
Matière colorante du bleu de Prusse.	Acide prussique.
Mercure.	Mercure.
Mercure des métaux.	Principe hypothétique de Beccher.

Noms anciens.	Noms nouveaux.
Mercure doux.	Muriate mercuriel doux.
Mercure précipité blanc.	Muriate mercuriel par précipitation.
Minium.	Oxide de plomb rouge, ou minium.
Mine d'antimoine.	Sulfure d'antimoine natif.
Mine de fer de marais.	Mine de fer tenant phosphate de fer.
Mophète athmosphérique.	Gaz azotique.
Molybdes. (sels)	Molybdates.
Molybde ammoniacal.	Molybdate ammoniacal. — d'ammoniaque.
Molybde barotique.	Molibdate barytique. — de baryte.
Molybde de potasse.	Molybdate de potasse.
Molybde de soude.	Molybdate de soude.
Molybdène.	Molybdène.
Mucilage.	Mucilage.
Muriates. (sels)	Muriates.
Muriate d'antimoine.	Muriate d'antimoine.
Muriate d'argent.	Muriate d'argent.
Muriate de bismuth.	Muriate de bismuth.
Muriate de cobalt.	Muriate de cobalt.
Muriate de cuivre.	Muriate de cuivre.
Muriate d'étain.	Muriate d'étain.
Muriate de fer.	Muriate de fer.

Noms anciens.	Noms nouveaux.
Muriate de manganèse.	Muriate de manganèse.
Muriate de plomb.	Muriate de plomb.
Muriate de zinc.	Muriate de zinc.
Muriate ou sel regalin de platine.	Nitro-muriate de platine.
Muriate ou sel regalin d'or.	Muriate d'or.
Muriate mercuriel corrosif.	Muriate mercuriel corrosif.

N.

NATRUM ou Natron.	Carbonate de soude.
Neige d'antimoine.	Oxide d'antimoine blanc sublimé.
Nitre.	Nitrate de potasse ou nitre.
Nitre ammoniacal.	Nitrate ammoniacal.
Nitre argileux.	Nitrate d'alumine.
Nitre calcaire.	Nitrate calcaire. — de chaux.
Nitre cubique.	Nitrate de soude.
Nitre d'argent.	Nitrate d'argent.
Nitre d'arsenic.	Nitrate d'arsenic.
Nitre de bismuth.	Nitrate de bismuth.
Nitre de cobalt.	Nitrate de cobalt.
Nitre de cuivre.	Nitrate de cuivre.

I

Noms anciens.	Noms nouveaux.
Nitre d'étain.	Nitrate d'étain.
Nitre de fer.	Nitrate de fer.
Nitre de magnésie.	Nitrate magnésien, — de magnésie.
Nitre de manganése.	Nitrate de manganèse.
Nitre de nickel.	Nitrate de nickel.
Nitre de plomb.	Nitrate de plomb.
Nitre de terre pesante.	Nitrate barytique, — de baryte.
Nitre de zinc.	Nitrate de zinc.
Nitre fixé par lui-même.	Carbonate de potasse.
Nitre lunaire.	Nitrate d'argent.
Nitre mercuriel.	Nitrate de mercure.
Nitre prismatique.	Nitrate de potasse.
Nitre quadrangulaire.	Nitrate de soude.
Nitre rhomboïdal.	Nitrate de soude.
Nitre saturnin.	Nitrite de plomb.

O.

Ochre.	Oxide de fer jaune.
Or.	Or.
Or fulminant.	Oxide d'or ammoniacal.
Orpiment.	Oxide d'arsenic sulfuré jaune.
Oxigyne.	Oxigène.

P.

Noms anciens.	Noms nouveaux.
PHLOGISTIQUE.	{ Principe hypothétique de Stahl.
Phosphate ammoniacal.	{ Phosphate ammoniacal. — d'ammoniaque.
Phosphate barotique.	{ Phosphate barytique. — de baryte.
Phosphate calcaire.	{ Phosphate calcaire. — de chaux.
Phosphate de magnésie.	{ Phosphate magnésien. — de magnésie.
Phosphate de potasse.	Phosphate de potasse.
Phosphate de soude.	Phosphate de soude.
Phosphore de Baudouin.	Nitrite calcaire sec.
Phosphore de Kunkel.	Phosphore.
Phosphore de Homberg.	Muriate calcaire sec.
Pierre à cautère.	{ Potasse ou soude concrète.
Pierre calcaire.	Carbonate de chaux.
Pierre infernale.	Nitrate d'argent fondu.
Pierre pesante.	Tunstate calcaire.
Platine. (la)	Platine. (le)
Plâtre.	{ Sulfate calcaire, ou plâtre calciné.
Plomb, ou Saturne.	Plomb.
Plomb corné.	Muriate de plomb.

Noms anciens.	Noms nouveaux.
Plomb spathique.	Carbonate de plomb.
Plombagine.	Carbure de fer.
Pompholix.	Oxide de zinc sublimé.
Potasse du commerce.	Carbonate de potasse impur.
Potée d'étain.	Oxide d'étain gris.
Poudre d'Algaroth.	Oxide d'antimoine par l'acide muriatique.
Poudre du Comte de Palme. *Poudre de Sentinelly.*	Carbonate de magnésie.
Précipité blanc par l'acide muriatique.	Muriate mercuriel par précipitation.
Précipité d'or par l'étain ou pourpre de Cassius.	Oxide d'or précipité par l'étain.
Précipité jaune.	Oxide de mercure jaune par l'acide sulfurique.
Précipité per se.	Oxide de mercure rouge par le feu.
Précipité rouge.	Oxide de mercure rouge par l'acide nitrique.
Principe acidifiant.	Oxigène.
Principe astringent.	Acide gallique.
Principe charbonneux.	Carbone.

Noms anciens.	Noms nouveaux.
Principe inflammable, (voyez *Phlogistique*).	
Principe mercuriel.	Principe hypothétique de Beccher.
Principe sorbile de M. Ludbock.	Oxigène.
Prussite calcaire.	Prussiate calcaire. — de chaux.
Prussite de potasse.	Prussiate de potasse.
Prussite de soude.	Prussiate de soude.
Pyrite de cuivre.	Sulfure de cuivre.
Pyrite martiale.	Sulfure de fer.
Pyrophore de Homberg.	Sulfure d'alumine carboné. Pyrophore de Homberg.

R.

Réalgar ou réalgal.	Oxide d'arsenic sulfuré rouge.
Régaltes. (*sels formés avec l'eau régale*)	Nitro-muriates.
Régule.	Mot employé pour désigner l'état métallique.
Régule d'antimoine.	Antimoine.
Régule d'arsenic.	Arsenic.

Noms anciens.	Noms nouveaux.
Régule de cobalt.	Cobalt.
Régule de manganèse.	Manganèse.
Régule de molybdène.	Molybdène. (le)
Régule de sydérite.	Phosphure de fer.
Résines.	Résines.
Rouille de cuivre.	Oxide de cuivre vert.
Rouille de fer.	Carbonate de fer.
Rubine d'antimoine.	Oxide d'antimoine sulfuré, vitreux brun.

S.

Noms anciens.	Noms nouveaux.
SAFRAN de mars.	Oxide de fer.
Safran de mars apéritif.	Carbonate de fer.
Safran de mars astringent.	Oxide de fer brun.
Safran des métaux.	Oxide d'antimoine sulfuré demi-vitreux.
Safre.	Oxide de kobalt gris, avec silice, ou safre.
Salpêtre.	Nitrate de potasse, ou nitre.
Saturne.	Plomb.
Savons acides.	Savons acides.
Savons alkalins.	Savons alkalins.
Savons terreux, ou combinaisons oleo-terreuses de M. Berthollet.	Savons terreux.

Noms anciens.	Noms nouveaux.
Savons métalliques, ou combinaisons oleo-métalliques de M. Berthollet.	Savons métalliques.
Savon de Starkey.	Savonule de potasse.
Sébates. (sels)	Sébates.
Sel acéteux ammoniacal.	Acétite ammoniacal. — d'ammoniaque.
Sel acéteux calcaire.	Acétite calcaire. — de chaux.
Sel acéteux d'argile.	Acétite alumineux. — d'alumine.
Sel acéteux de zinc.	Acétite de zinc.
Sel acéteux magnésien.	Acétite magnésien. — de magnésie.
Sel acéteux martial.	Acétite de fer.
Sel acéteux minéral.	Acétite de soude.
Sel admirable perlé.	Phosphate de soude sursaturé.
Sel Alembroth.	Muriate ammoniaco-mercuriel.
Sel ammoniac.	Muriate ammoniacal. — d'ammoniaque.
Sel ammoniacal crayeux.	Carbonate ammoniacal.
Sel ammoniac fixe.	Muriate calcaire. — de chaux.

Noms anciens.	Noms nouveaux.
Sel ammoniacal nitreux.	Nitrate ammoniacal. — d'ammoniaque.
Sel ammoniacal. (secret de Glauber)	Sulfate ammoniacal. — d'ammoniaque.
Sel ammoniacal sédatif.	Borate ammoniacal. — d'ammoniaque.
Sel ammoniacal spat-thique.	Fluate ammoniacal. — d'ammoniaque.
Sel ammoniacal vitrio-lique.	Sulfate ammoniacal. — d'ammoniaque.
Sel cathartique amer.	Sulfate magnésien. — de magnésie.
Sel commun.	Muriate de soude.
Sel d'Angleterre.	Carbonate ammoniacal. — d'ammoniaque.
Sel de colcothar.	Sulfate de fer (dans un état peu connu).
Sel de cuisine.	Muriate de soude.
Sel de Glauber.	Sulfate de soude.
Sel de jupiter.	Muriate d'étain.
Sel de lait.	Sucre de lait.
Sel de la sagesse.	Muriate ammoniaco-mercuriel.
Sel d'Epsom.	Sulfate magnésien. — de magnésie.
Sel de Duobus.	Sulfate de potasse.
Sel de Scheidschutz.	Sulfate magnésien.

Noms anciens.	Noms nouveaux.
Sel de Sedlitz.	Sulfate de magnéfie.
Sel de Segner.	Sébate de potaffe.
Sel de Seignette.	Tartrite de foude.
Sel de fuccin, retiré par la criftallifation.	Acide fuccinique criftallifé.
Sel d'ofeille.	Oxalate acidule de potaffe.
Sel fébrifuge de Sylvius.	Muriate de potaffe.
Sel fixe de tartre.	Carbonate de potaffe non-faturé.
Sel fufible de l'urine.	Phofphate de foude & d'ammoniaque.
Sel gemme.	Muriate de foude foffile.
Sel marin.	Muriate de foude.
Sel marin argileux.	Muriate alumineux. — d'alumine.
Sel marin barotique.	Muriate barytique. — de baryte.
Sel marin calcaire.	Muriate calcaire. — de chaux.
Sel marin de fer.	Muriate de fer.
Sel marin de zinc.	Muriate de zinc.
Sel marin magnéfien.	Muriate magnéfien. — de magnéfie.
Sel natif de l'urine.	Phofphate de foude & d'ammoniaque.
Sel neutre arfenical de Macquer.	Arféniate acidule de potaffe.

Noms anciens.	Noms nouveaux.
Sel ou sucre de saturne.	Acétite de plomb.
Sel polychreste de Glaser.	Sulfate de potasse.
Sel polychreste de la Rochelle.	Tartrite de soude.
Sel régalin d'or.	Muriate d'or.
Sel sédatif.	Acide boracique.
Sel sédatif mercuriel.	Borate de mercure.
Sel sédatif sublimé.	Acide boracique sublimé.
Sel stanno-nitreux.	Nitrate d'étain.
Sel sulfureux de Stahl.	Sulfite de potasse.
Sel végétal.	Tartrite de potasse.
Sel volatil d'Angleterre.	Carbonate ammoniacal.
Sel volatil de succin.	Acide succinique sublimé.
Sélénite.	Sulfate de chaux.
Smalt.	Oxide de cobalt, vitrifié avec la silice, ou smalt.
Soude caustique.	Soude.
Soude crayeuse.	Carbonate de soude.
Soude spathique.	Fluate de soude.
Soufre.	Soufre.
Soufre doré d'antimoine.	Oxide d'antimoine sulfuré, orangé.
Spath ammoniacal.	Fluate ammoniacal.

Noms anciens.	Noms nouveaux.
Spath calcaire.	Carbonate de chaux.
Spath fluor.	Fluate calcaire.
Spath pesant.	Sulfate de baryte.
Spiritus sylvestre.	Acide carbonique.
Sublimé corrosif.	Muriate de mercure corrosif.
Sublimé doux	Muriate de mercure doux.
Suc de citron.	Acide citrique.
Succin.	Succin.
Sucre.	Sucre.
Sucre candi.	Sucre cristallisé.
Sucre de saturne.	Acétite de plomb.
Sucre ou sel de lait.	Sucre de lait.
Syderite.	Phosphate de fer.
Syderotete de M. de Morveau.	Phosphure de fer.

T.

TARTRE.	Tartrite acidule de potasse.
Tartre ammoniacal.	Tartrite ammoniacal.
Tartre antimonié.	Tartrite de potasse antimonié.
Tartre calcaire.	Tartrite de chaux.
Tartre chalybé.	Tartrite de potasse ferrugineux.

Noms anciens.	Noms nouveaux.
Tartre crayeux.	Carbonate de potasse.
Tartre crud.	Tartre.
Tartre cuivreux.	Tartrite de cuivre.
Tartre de magnésie.	Tartrite de magnésie.
Tartre de potasse.	Tartrite de potasse.
Tartre de soude.	Tartrite de soude.
Tartre émétique.	Tartrite de potasse antimonié.
Tartre martial soluble.	Tartrite de potasse ferrugineux.
Tartre méphitique.	Carbonate de potasse.
Tartre mercuriel.	Tartrite mercuriel.
Tartre saturnin.	Tartrite de plomb.
Tartre spathique.	Fluate de potasse.
Tartre soluble.	Tartrite de potasse.
Tartre stibié.	Tartrite de potasse antimonié.
Tartre tartarisé.	Tartrite de potasse.
Tartre tartarisé, tenant antimoine.	Tartrite de potasse surcomposé d'antimoine.
Tartre vitriolé.	Sulfate de potasse.
Teinture âcre de tartre.	Alcohol de potasse.
Teintures spiritueuses.	Alcohol résineux.
Terre animale.	Phosphate calcaire. — de chaux.
Terre base de l'alun.	Alumine.

Noms anciens.	Noms nouveaux.
Terre base du spath pe-sant.	Baryte.
Terre calcaire.	Chaux ou terre calcaire.
Terre de l'alun.	Alumine.
Terre foliée cristallisable.	Acétite de soude.
Terre foliée de tartre.	Acétite de potasse.
Terre foliée mercurielle.	Acétite de mercure.
Terre foliée minérale.	Acétite de soude.
Terre magnésienne.	Carbonate de magnésie.
Terre muriatique de M. Kirvan.	Magnésie.
Terre pesante.	Baryte.
Terre pesante aérée.	Carbonate de baryte.
Terre siliceuse.	Silice, où terre silicée.
Tungtes. (sels)	Tunstates.
Tungste ammoniacal.	Tunstate ammoniacal.
Tungste de potasse.	Tunstate de potasse.
Turbith minéral.	Oxide mercuriel jaune par l'acide sulfurique.
Turbith nitreux.	Oxide mercuriel jaune par l'acide nitrique.

V.

Vert de gris.	Oxide de cuivre vert.
Vert de gris du com-merce.	Acétite de cuivre, avec excès d'oxide de cuivre.

Noms anciens.	Noms nouveaux.
Vénus.	Cuivre.
Verdet.	Acétite de cuivre.
Verdet diſtillé.	Acétite de cuivre criſtallifé.
Verre d'antimoine.	Oxide d'antimoine ſulfuré vitreux.
Vif-argent.	Mercure.
Vinaigre diſtillé.	Acide acéteux.
Vinaigre de ſaturne.	Acétite de plomb.
Vinaigre radical.	Acide acétique.
Vitriol ammoniacal.	Sulfate ammoniacal.
Vitriol blanc.	Sulfate de zinc.
Vitriol bleu.	Sulfate de cuivre.
Vitriol calcaire.	Sulfate de chaux.
Vitriol d'antimoine.	Sulfate d'antimoine.
Vitriol d'argent.	Sulfate d'argent.
Vitriol d'argile.	Sulfate d'alumine.
Vitriol de biſmuth.	Sulfate de biſmuth.
Vitriol de chaux.	Sulfate calcaire.
Vitriol de Chypre.	Sulfate de cuivre.
Vitriol bleu.	Sulfate de cuivre.
Vitriol de cobalt.	Sulfate de cobalt.
Vitriol de cuivre.	Sulfate de cuivre.
Vitriol de lune.	Sulfate d'argent.
Vitriol de manganèſe.	Sulfate de manganèſe.
Vitriol de mercure.	Sulfate de mercure.
Vitriol de Nickel.	Sulfate de Nickel.

Noms anciens.	*Noms nouveaux.*
Vitriol de platine.	Sulfate de platine.
Vitriol de plomb.	Sulfate de plomb.
Vitriol de potasse.	Sulfate de potasse.
Vitriol de soude.	Sulfate de soude.
Vitriol d'étain.	Sulfate d'étain.
Vitriol de zinc.	Sulfate de zinc.
Vitriol magnésien.	Sulfate de magnésie.
Vitriol martial.	Sulfate de fer.
Vitriol vert.	Sulfate de fer.
Wolfram de MM. d'El-huyar.	Tunsten.

Z.

Zinc.	Zinc.

DICTIONNAIRE

Pour la nouvelle Nomenclature Chimique.

A

Noms nouveaux.	Noms anciens.

ACÉTATES.
Acetas, tis. f. m.

Sels formés par l'union de l'acide acétique [ou vinaigre radical] avec différentes bases. Les noms suivans qui n'ont point de synonimes dans la nomenclature ancienne sont de ce genre.

Acétate alumineux.
— d'alumine.
  Acetas aluminosus.

Acétate ammoniacal.
— d'ammoniaque. (1)
  Acetas ammoniacalis.

Acétate d'antimoine.
  Acetas stibii.

---

(1) On ne répétera plus ces deux manières d'exprimer la base d'un sel neutre, on employera indistinctement l'une & l'autre. Il suffit d'avoir indiqué, par ces premiers exemples qu'on peut prendre à volonté l'adjectif ou le substantif.

Cette observation convient également à la nomenclature latine.

Acétate

Noms nouveaux.	Noms anciens.

Acétate d'argent.
Acetas argenti.

Acétate d'arsenic.
Acetas arsenici.

Acétate de baryte.
Acetas barytæ.

Acétate de bismuth.
Acetas bismuthi.

Acétate de chaux.
Acetas calcis.

Acétate de cobalt.
Acetas cobalti.

Acétate de cuivre.
Acetas cupri.

Acétate d'étain.
Acetas stanni.

Acétate de fer.
Acetas ferri.

Acétate de magnésie.
Acetas magnesiæ.

Acétate de manganèse.
Acetas magnesii.

Acétate de mercure.
Acetas hydrargiri.

Acétate de molybdène.
Acetas molybdeni.

Acétate de Nickel.
Acetas Niccoli.

K

Noms nouveaux.	Noms anciens.
Acétate d'or. *Acetas auri.*	
Acétate de platine. *Acetas platini.*	
Acétate de plomb. *Acetas plumbi.*	
Acétate de potasse. *Acetas potassæ.*	
Acétate de soude. *Acetas sodæ.*	
Acétate de tungstène. *Acetas tunsteni.*	
Acétate de zinc. *Acetas zinci.*	
Acétite. *Acetis, itis. s. m.*	Sels formés par l'union de l'acide acéteux, ou vinaigre distillé, avec différentes bases.
Acétite alumineux. *Acetis aluminosus.*	*Acète d'argile.* *Sel acéteux d'argile.*
Acétite ammoniacal. *Acetis ammoniacalis.*	*Acète ammoniacal.* *Sel acéteux ammoniacal.* *Esprit de Mendererus.*
Acétite d'antimoine. *Acetis stibii.*	
Acétite d'argent. *Acetis argenti.*	

Noms nouveaux.	Noms anciens.
Acétite d'arsenic. *Acetis arsenicalis.*	Liqueur fumante arsénico-acéteuse de M. Cadet.
Acétite de baryte. *Acetis baryticus.*	
Acétite de bismuth. *Acetis bismuthi.*	
Acétite de chaux. *Acetis calcareus.*	Acète calcaire. Sel acéteux calcaire.
Acétite de cobalt. *Acetis cobalti.*	
Acétite de cuivre. *Acetis cupri.*	Acète de cuivre. Verdet. Verdet distillé du commerce. Cristaux de Vénus.
Acétite d'étain. *Acetis stanni.*	
Acétite de fer. *Acetis ferri.*	Acète martial. Sel acéteux martial.
Acétite de magnésie. *Acetis magnesiæ.*	Sel acéteux magnésien. Acète de magnésie.
Acétite de manganèse. *Acetis magnesii.*	
Acétite de mercure. *Acetis hydrargiri.*	Acète mercuriel. Terre foliée mercurielle.
Acétite de molybdène. *Acetis molybdeni.*	

Noms nouveaux. Noms anciens.

Acétite de Nickel.
Acetis Niccoli.

Acétite d'or.
Acetis auri.

Acétite de platine.
Acetis platini.

Acétite de plomb. { Acète de plomb.
Acetis plumbi. { Vinaigre de Saturne.
{ Sel ou sucre de Saturne.

Acétite de potasse. { Acète de potasse.
Acetis potassæ , vel po- { Terre foliée de tartre.
tasseus.

Acétite de soude. { Acète de soude.
Acetis sodæ , vel soda- { Sel acéteux minéral.
ceus. { Terre foliée minérale.
{ Terre foliée cristallisable.

Acétite de tungstène.
Acetis tunsteni.

Acétite de zinc. { Acète de zinc.
Acetis zinci. { Sel acéteux de zinc.

Acide acéteux. { Acide acéteux.
Acidum acetosum. { Vinaigre distillé.

Acide acétique. { Vinaigre radical.
Acidum aceticum. { Esprit de Vénus.

Acide arsénique. { Acide arsénical.
Acidum arsenicum.

Acide benzoïque. { Acide benzonique.
Acidum benzoïcum. { Acide du benjoin.
{ Sel de benjoin.

Noms nouveaux.	Noms anciens.
Acide benzoïque su-blimé. *Acidum benzoïcum su-blimatum.*	Fleurs de benjoin. Sel volatil de benjoin.
Acide bombique. *Acidum bombicum.*	Acide du ver à soie.
Acide boracique. *Acidum boracicum.*	Sel volatil narcotique de vitriol. Sel sédatif. Acide du borax. Acide boracin.
Acide carbonique. *Acidum carbonicum.*	Gaz sylvestre. Spiritus sylvestris. Air fixe. Air fixé. Acide aérien. Acide atmosphérique. Acide méphitique. Acide crayeux. Acide charbonneux.
Acide citrique. *Acidum citricum.*	Suc de citron. Acide citronien.
Acide fluorique. *Acidum fluoricum.*	Acide fluorique. Acide spathique.
Acide formique. *Acidum formicum.*	Acide des fourmis. Acide formioin.

Noms nouveaux.	Noms anciens.
Acide gallique. *Acidum gallæ*, *seu gallaceum.*	Principe astringent. Acide gallique.
Acide lactique. *Acidum lacticum.*	Petit lait aigri. Acide galactique.
Acide lithique. *Acidum lithicum.*	Acide du calcul. Acide bezoardique. Acide lithiasique.
Acide malique. *Acidum malicum.*	Acide des pommes. Acide malusien.
Acide molybdique. *Acidum molybdicum.*	Acide de la molybdène. Acide molybdique. Acide du Wolfram.
Acide muriatique. *Acidum muriaticum.*	Acide du sel marin. Esprit de sel fumant. Acide marin.
Acide muriatique oxigéné. *Acidum muriaticum oxigenatum.*	Acide marin déphlogistiqué. Acide marin aéré.
Acide nitreux. *Acidum nitrosum.*	Acide nitreux rutilant. Acide nitreux phlogistiqué. Acide nitreux fumant. Esprit de nitre fumant.
Acide nitrique. *Acidum nitricum.*	Acide nitreux blanc. Acide nitreux dégazé. Acide nitreux déphlogistiqué.

Noms nouveaux.	Noms anciens.
Acide nitro - muriatique. *Acidum nitro -muriaticum.*	Eau régale. Acide régalin.
Acide oxalique. *Acidum oxalicum.*	Acide de l'oseille. Acide oxalin. Acide saccharin. Acide du sucre.
Acide phosphoreux. *Acidum phosphorosum.*	Acide phosphorique volatil.
Acide phosphorique. *Acidum phosphoricum.*	Acide phosphorique. Acide de l'urine.
Acide prussique. *Acidum prussicum.*	Matière colorante du bleu de Prusse.
Acide pyro-ligneux. *Acidum pyrolignosum.*	Esprit acide empyreumatique du bois.
Acide pyro-muqueux. *Acidum pyro-mucosum.*	Esprit de miel, de sucre, &c. Acide syrupeux.
Acide pyro-tartareux. *Acidum pyro - tartarosum.*	Esprit de tartre.
Acide saccho-lactique. *Acidum saccho - lacticum.*	Acide du sucre de lait. Acide sacchlactique.
Acide sébacique. *Acidum sebacicum.*	Acide sébacé. Acide du suif.

Noms nouveaux.	*Noms anciens.*
Acide succinique. *Acidum succinicum.*	*Acide du succin.* *Sel volatil de succin.*
Acide sulfureux. *Acidum sulfurosum.*	*Acide sulfureux.* *Acide sulfureux volatil.* *Acide vitriolique phlogis-* *tiqué.* *Esprit de soufre.*
Acide sulfurique. *Acidum sulfuricum.*	*Acide du soufre.* *Acide vitriolique.* *Huile de vitriol.* *Esprit de vitriol.*
Acide tartareux. *Acidum tartarosum.*	*Acide tartareux.* *Acide du tartre.*
Acide tunstique. *Acidum tunsticum.*	*Acide tungstique.* *Acide de la tungstène.* *Acide du Wolfram.*
Acier. *Chalybs.*	*Acier.*
Affinités. *Affinitas.*	*Affinités.*
Aggrégation. *Aggregatio.*	*Aggrégation.*
Aggrégés. *Aggregata.*	*Aggrégés.*
Air atmosphérique. *Aer athmosphæricus.*	*Air atmosphérique.*
Alkalis. *Alkalis.*	*Alkalis en général.*

Noms nouveaux.	Noms anciens.
Alcohol. *Alcohol*, indécl.	Esprit de vin. Esprit ardent.
Alcohol de potasse. *Alcohol potassæ.*	Lilium de Paracelse. Teinture âcre de tartre.
Alcohol nitrique. *Alcohol nitricum.*	Esprit de nitre dulcifié.
Alcohol résineux. *Alcohol resinosa.*	Teintures spiritueuses.
Alliage. *Connubium metallicum.*	Alliage des métaux.
Alumine. *Alumina.*	Terre de l'alun. Base de l'alun. Argile pure.
Amalgame.	Amalgame.
Amidon. *Amylum.*	Amidon.
Ammoniaque. *Ammoniaca.*	Alkali volatil caustique. Alkali volatil fluor. Esprit volatil de sel ammoniac.
Antimoine. *Antimonium, stibium.*	Régule d'antimoine.
Argent. *Argentum.*	Diane. Lune. Argent.
Argile, mêlange d'alumine & de silice. *Argilla.*	Argile. Terre glaise. Terre argileuse. Glaise.

Noms nouveaux.	Noms anciens.
Arome. *Aroma.*	{ Esprit recteur. { Principe odorant.
Arséniates. *Arsenias , tis. f. m.*	{ Sels arsénicaux.
Arséniate acidule de potasse. *Arsenias acidulus potassæ.*	Sel neutre arsénical de Macquer.
Arséniate d'alumine. *Arsenias aluminæ.*	
Arséniate d'ammoniaque. *Arsenias ammoniacæ, seu ammoniacalis.*	Ammoniac arsénical.
Arséniate d'argent. *Arsenias argenti.*	
Arséniate de baryte. *Arsenias barytæ.*	
Arséniate de bismuth. *Arsenias bismuthi.*	
Arséniate de chaux. *Arsenias calcis.*	
Arséniate de cobalt. *Arsenias cobalti.*	
Arséniate de cuivre. *Arsenias cupri.*	
Arséniate d'étain. *Arsenias stanni.*	
Arséniate de fer. *Arsenias ferri.*	

Noms nouveaux.	Noms anciens.

Arféniate de magnéfie.
Arfenias magnefiæ.

Arféniate de manga-
nèfe.
Arfenias magnefii.

Arféniate de mercure.
Arfenias hydrargiri.

Arféniate de molyb-
dène.
Arfenias molybdeni.

Arféniate de Nickel.
Arfenias Niccoli.

Arféniate d'or.
Arfenias auri.

Arféniate de platine.
Arfenias platini.

Arféniate de plomb. -
Arfenias plumbi.

Arféniate de potaffe.
Arfenias potaffæ.

Arféniate de foude.
Arfenias fodæ.

Arféniate de tunftene.
Arfenias tunfteni.

Arféniate de zinc.
Arfenias zinci.

B.

Noms nouveaux.	Noms anciens.
BARYTE. *Baryta.*	Terre pesante. Terre du spath pesant. Barote.
Baumes. *Balsama.*	Baumes de Bucquet *.
Benjoin. *Benzoe.*	Benjoin.
Benzoate. *Benzoas, tis. s. m.*	Benzone. Sel formé par l'union de l'acide benzoïque avec différentes bases. Les sels de ce genre n'ont point de noms dans la Nomenclature ancienne.

Benzoate d'alumine.
Benzoas aluminosus.
Benzoate d'ammonia-
que.
Benzoas ammoniacalis.
Benzoate d'antimoine.
Benzoas stibii.
Benzoate d'argent.
Benzoas argenti.

---

* Résines unies avec un sel acide concret.

Noms nouveaux.	Noms anciens.

Benzoate d'arſenic.
Benzoas arſenicalis.
Benzoate de baryte.
Benzoas baryticus.
Benzoate de biſmuth.
Benzoas biſmuthi.
Benzoate de chaux.
Benzoas calcareus.
Benzoate de cobalt.
Benzoas cobalti.
Benzoate de cuivre.
Benzoas cupri.
Benzoate d'étain.
Benzoas ſtanni.
Benzoate de fer.
Benzoas ferri.
Benzoate de magnéſie.
Benzoas magneſiæ.
Benzoate de manganèſe.
Benzoas magneſii.
Benzoate de mercure.
Benzoas hydrargiri.
Benzoate de molyb-
dène.
Benzoas molybdeni.
Benzoate de Nickel.
Benzoas Niccoli.
Benzoate d'or.
Benzoas auri.

Noms nouveaux.	Noms anciens.
Benzoate de platine. *Benzoas platini.*	
Benzoate de plomb. *Benzoas plumbi.*	
Benzoate de potasse. *Benzoas potassæ.*	
Benzoate de soude. *Benzoas sodæ.*	
Benzoate de tungstène. *Benzoas tunsteni.*	
Benzoate de zinc. *Benzoas zinci.*	
Bismuth. *Bismuthum.*	Bismuth.
Bitumes. *Bitumina.*	Bitumes.
Bombiate. *Bombias , tis. s. m.*	Sel formé par l'union de l'acide bombique avec différentes bases. Ce genre de sel n'avoit point de nom dans l'ancienne Nomenclature.
Bombiate d'alumine. *Bombias aluminatus.*	
Bombiate d'ammonia- que. *Bombias ammoniacalis.*	
Bombiate d'antimoine. *Bombias stibii.*	

Noms nouveaux.	Noms anciens.

Bombiate d'argent.
Bombias argenti.

Bombiate d'arsenic.
Bombias arsenicalis.

Bombiate de baryte.
Bombias baryticus.

Bombiate de bismuth.
Bombias bismuthi.

Bombiate de chaux.
Bombias calcareus.

Bombiate de cobalt.
Bombias cobalti.

Bombiate de cuivre.
Bombias cupri.

Bombiate d'étain.
Bombias stanni.

Bombiate de fer.
Bombias ferri.

Bombiate de magnésie.
Bombias magnesiæ.

Bombiate de manga-
nèse.
Bombias magnesiii.

Bombiate de mercure.
Bombias hydrargiri.

Bombiate de molyb-
dène.
Bombias molybdeni.

Noms nouveaux.	*Noms anciens.*
Bombiate de Nickel. *Bombias Niccoli.*	
Bombiate d'or. *Bombias auri.*	
Bombiate de platine. *Bombias platini.*	
Bombiate de plomb. *Bombias plumbi.*	
Bombiate de potasse. *Bombias potassæ.*	
Bombiate de soude. *Bombias sodæ.*	
Bombiate de tungstène. *Bombias tunsteni.*	
Bombiate de zinc. *Bombias zinci.*	
Borate. *Boras , tis. s. m.*	} Borax.
Borate alumineux. *Boras aluminosus.*	} Borax argileux.
Borate ammoniacal. *Boras ammoniacalis.*	} Borax ammoniacal. Sel ammoniac sédatif.
Borate d'antimoine. *Boras stibii.*	} Borax d'antimoine.
Borate d'argent. *Boras argenti.*	
Borate d'arsenic. *Boras arsenici.*	

Noms

Noms nouveaux.	Noms anciens.
Borate de baryte. *Boras barytæ.*	{ *Borax pesant, ou baro- tique.*
Borate de bismuth. *Boras bismuthi.*	
Borate de chaux. *Boras calcis.*	
Borate de cobalt. *Boras cobalti.*	{ *Borax de cobalt.*
Borate de cuivre. *Boras cupri.*	{ *Borax de cuivre.*
Borate d'étain. *Boras stanni.*	
Borate de fer. *Boras ferri.*	{ *Borax de fer.*
Borate de magnésie. *Boras magnesiæ.*	{ *Borax magnésien.*
Borate de manganèse. *Boras magnesii.*	
Borate de mercure. *Boras mercurii.*	{ *Borax mercuriel.* *Sel sédatif mercuriel.*
Borate de molybdène. *Boras molybdeni.*	
Borate de Nickel. *Boras Niccoli.*	
Borate d'or. *Boras auri.*	
Borate de platine. *Boras platini.*	

L

Noms nouveaux.	Noms anciens.
Borate de plomb. *Boras plumbi.*	
Borate de potasse. *Boras potassæ.*	Borax végétal.
Borate de soude. *Boras sodæ.*	Borax ordinaire saturé d'acide boracique.
Borate de tungstène. *Boras tunsteni.*	
Borate de zinc. *Boras zinci.*	Borax de zinc.
Borax de soude , ou Borate sursaturé de soude.	Borax brut. Tinckal. Chrysocolle. Borax du commerce.

C.

CALORIQUE. *Caloricum.*	Chaleur latente. Chaleur fixée. Principe de la chaleur.
Camphre. *Camphora.*	Camphre.
Camphorate. *Camphoras , tis. s. m.*	Sel formé par l'union de l'acide camphorique avec différentes bases. Ces sels n'étoient point connus des anciens & n'ont point de noms dans l'ancienne Nomenclature.
Camphorate d'alumine. *Camphoras aluminosus.*	

Noms nouveaux.	Noms anciens.
Camphorate d'ammoniaque.	
Camphoras ammoniacalis.	
Camphorate d'antimoine.	
Camphoras stibii.	
Camphorate d'argent.	
Camphoras argenti.	
Camphorate d'arsenic.	
Camphoras arsenicalis.	
Camphorate de baryte.	
Camphoras baryticus.	
Camphorate de bismuth.	
Camphoras bismuthi.	
Camphorate de chaux.	
Camphoras calcareus.	
Camphorate de cobalt.	
Camphoras cobalti.	
Camphorate de cuivre.	
Camphoras cupri.	
Camphorate d'étain.	
Comphoras stanni.	
Camphorate de fer.	
Camphoras ferri.	
Camphorate de magnésie.	
Camphoras magnesiæ.	

Noms nouveaux.	Noms anciens.
Camphorate de man- ganèse. *Camphoras magnefii.*	
Camphorate de mer- cure. *Camphoras mercurii.*	
Camphorate de molyb- dène. *Camphoras molybdeni.*	
Camphorate de Nickel. *Camphoras Niccoli.*	
Camphorate d'or. *Camphoras auri.*	
Camphorate de platine. *Camphoras platini.*	
Camphorate de plomb. *Camphoras plumbi.*	
Camphorate de potaffe. *Camphoras potaffæ.*	
Camphorate de foude. *Camphoras fodæ.*	
Camphorate de tung- ftène. *Camphoras tunfteni.*	
Camphorate de zinc. *Camphoras zinci.*	
Carbone. *Carbonium.*	} *Charbon pur.*

Noms nouveaux.	Noms anciens.
Carbonate. *Carbonas , tis. f. m.*	Sel formé par l'union de l'acide carbonique avec des bafes.
Carbonate d'alumine. *Carbonas aluminofus.*	Argile crayéufe.
Carbonate ammoniacal. *Carbonas ammoniacæ.*	Craye ammoniacale. Sel ammoniacal crayeux. Alkali volatil concret. Méphite ammoniacal. Sel volatil d'Angleterre.
Carbonate d'antimoine. *Carbonas antimonii.*	
Carbonate d'argent. *Carbonas argenti.*	
Carbonate d'arfenic. *Carbonas arfenici.*	
Carbonate de baryte. *Carbonas baryticus.*	Craie barotiq. ou pefante. Terre pefante aérée. Barote effervefcente. Méphite barotique.
Carbonate de bifmuth. *Carbonas bifmuthi.*	
Carbonate calcaire. *Carbonas calcareus.*	Craie. Pierre calcaire. Méphite calcaire. Terre calcaire aérée. Terre calcaire effervef- cente. Spath calcaire. Crême de chaux.

L iij

Noms nouveaux.	*Noms anciens.*
Carbonate de cobalt. *Carbonas cobalti.*	
Carbonate de cuivre. *Carbonas cupri.*	
Carbonate d'étain. *Carbonas stanni.*	
Carbonate de fer. *Carbonas ferri.*	*Safran de Mars apéritif.* *Rouille de fer.* *Fer aéré.* *Craie martiale.* *Méphite martial.*
Carbonate de magnésie. *Carbonas magnesiæ.*	*Terre magnésienne.* *Magnésie blanche.* *Magnésie aérée de Berg-man.* *Magnésie crayeuse.* *Craie magnésienne.* *Magnésie effervescente.* *Méphite de magnésie.* *Terre muriatique de Kirwan.* *Poudre du Comte de Pal-me, de Santinelli.*
Carbonate de manga-nèse. *Carbonas magnesii.*	
Carbonate de mercure. *Carbonas hydrargiri.*	

Noms nouveaux.	Noms anciens.
Carbonate de molyb- **dène.** *Carbonas molybdeni.*	
Carbonate de Nickel. *Carbonas Niccoli.*	
Carbonate d'or. *Carbonas auri.*	
Carbonate de platine. *Carbonas platini.*	
Carbonate de plomb. *Carbonas plumbi.*	*Craie de plomb.* *Plomb spathique.* *Méphite de plomb.*
Carbonate de potasse. *Carbonas potassæ.*	*Sel fixe de tartre.* *Alkali fixe végétal.* *Alkali fixe végétal aéré.* *Tartre crayeux.* *Tartre méphitique.* *Méphite de potasse.* *Nitre fixé par lui-même.* *Alkaest de Vanhelmont.*
Carbonate de soude. *Carbonas sodæ.*	*Natrum , ou Natron.* *Base du sel marin.* *Alkali marin, ou minéral.* *Cristaux de soude.* *Soude crayeuse.* *Soude aérée.* *Soude effervescente.* *Méphite de soude.*

Noms nouveaux.	*Noms anciens.*
Carbonate de foude. *Carbonas fodæ.*	Alhali fixe mineral aéré. Alkali fixe minéral effervefcent. Craie de foude.
Carbonate de tunftène. *Carbonas tunfteni.*	
Carbonate de zinc. *Carbonas zinci.*	Craie de zinc. Zinc aéré. Méphite de zinc.
Carbure de fer.	Plombagine.
Chaux délayée dans l'eau.	Lait de chaux.
Chaux, ou terre calcaire.	Terre calcaire. Chaux vive.
Citrate. *Citras, tis. f. m.*	Sel formé par la combinaifon de l'acide du citron avec différentes bafes. Ce genre de fel n'avoit point de nom dans l'ancienne Nomenclature.
Citrate d'alumine. *Citras aluminofus.*	
Citrate d'ammoniaque. *Citras ammoniacalis.*	
Citrate d'antimoine. *Citras ftibii.*	
Citrate d'argent. *Citras argenti.*	

Noms nouveaux.	Noms anciens.

Citrate d'arfenic.
Citras arfenicalis.

Citrate de baryte.
Citras baryticus.

Citrate de bifmuth.
Citras bifmuthi.

Citrate de chaux.
Citras calcareus.

Citrate de cobalt.
Citras cobalti.

Citrate de cuivre.
Citras cupri.

Citrate d'étain.
Citras ftanni.

Citrate de fer.
Citras ferri.

Citrate de magnéfie.
Citras magnefiæ.

Citrate de manganèfe.
Citras magnefii.

Citrate de mercure.
Citras mercurii.

Citrate de molybdène.
Citras molybdeni.

Citrate de Nickel.
Citras Niccoli.

Citrate d'or.
Citras auri.

Noms nouveaux.	Noms anciens.
Citrate de platine. *Citras platini.*	
Citrate de plomb. *Citras plumbi.*	
Citrate de potasse. *Citras potassæ.*	
Citrate de soude. *Citras sodæ.*	
Citrate de tungstène. *Citras tunsteni.*	
Citrate de zinc. *Citras zinci.*	
Cobalt.	{ *Régule de cobalt.* *Cobalt, ou cobolt.*
Cuivre. *Cuprum.*	{ *Cuivre.* *Vénus.*

D.

DEMI-MÉTAUX.	*Demi-métaux.*
Diamant.	*Diamant.*

E.

EAU.	*Eau.*
Eau de chaux.	*Eau de chaux.*
Eau distillée.	*Eau distillée.*

Noms nouveaux.	Noms anciens.
Eaux imprégnées d'acide carbonique.	Eaux acidules. Eaux gazeuses.
Eaux sulfurées.	Eaux hépathiques.
Etain. *Stannum.*	Etain. Jupiter.
Ether acétique. *Ether aceticum.*	Ether acéteux.
Ether muriatique. *Ether muriaticum.*	Ether marin.
Ether nitrique. *Ether nitricum.*	Ether nitreux.
Ether sulfurique. *Ether sulfuricum.*	Ether vitriolique.
Extractif. (l') *Extractum.*	Extrait.

F.

FÉCULE. *Fecula.*	Fécule des plantes.
Fer. *Ferrum.*	Fer. Mars.
Fluate. *Fluas, tis. s. m.*	Sel formé par l'acide fluorique, combiné avec différentes bases.
Fluate d'alumine. *Fluas aluminæ.*	Fluor argileux. Argile spathique.

Noms nouveaux.	Noms anciens.
Fluate ammoniacal. *Fluas ammoniacalis.*	Sel ammoniacal *spathique.* Ammoniac *spathique.* Spath ammoniacal. Fluor ammoniacal.
Fluate d'antimoine. *Fluas stibii.*	
Fluate d'argent. *Fluas argenti.*	
Fluate d'arsenic. *Fluas arsenicalis.*	
Fluate de baryte. *Fluas barytæ.*	Fluor *pesant.* Fluor *barotique.*
Fluate de bismuth. *Fluas bismuthi.*	
Fluate de chaux. *Fluas calcareus.*	Spath *fluor.* Spath *vitreux.* Spath *cubique.* Spath *phosphorique.* Fluor *spathique.*
Fluate de cobalt. *Fluas cobalti.*	
Fluate de cuivre. *Fluas cupri.*	
Fluate d'étain. *Fluas stanni.*	
Fluate de fer. *Fluas ferri.*	

Noms nouveaux.	Noms anciens.
Fluate de magnésie. *Fluas magnesiæ.*	{ Magnésie fluorée. Magnésie spathique. Fluor magnésien.
Fluate de manganèse. *Fluas magnesii.*	
Fluate de mercure. *Fluas mercurii.*	
Fluate de molybdène. *Fluas molybdeni.*	
Fluate de Nickel. *Fluas Niccoli.*	
Fluate d'or. *Fluas auri.*	
Fluate de platine. *Fluas platini.*	
Fluate de plomb. *Fluas plumbi.*	
Fluate de potasse. *Fluas potassæ.*	{ Fluor tartareux. Fluor tartareux. Tartre spathique.
Fluate de soude. *Fluas sodæ.*	{ Fluor de soude. Soude spathique.
Fluate de tungstène. *Fluas tunsteni.*	
Fluate de zinc. *Fluas zinci.*	

Noms nouveaux.	Noms anciens.

Formiate.
  Formias , tis. f. m.

} Sel formé par la combinaison de l'acide formique avec différentes bases.

Ce genre de sel n'avoit point été nommé dans l'ancienne Nomenclature.

Formiate d'alumine.
  Formias aluminosus.
Formiate d'ammoniac.
  Formias ammoniacalis.
Formiate d'antimoine.
  Formias stibii.
Formiate d'argent.
  Formias argenti.
Formiate d'arsenic.
  Formias arsenicalis.
Formiate de baryte.
  Formias baryticus.
Formiate de bismuth.
  Formias bismuthi.
Formiate de chaux.
  Formias calcareus.
Formiate de cobalt.
  Formias cobalti.
Formiate de cuivre.
  Formias cupri.
Formiate d'étain.
  Formias stanni.
Formiate de fer.
  Formias ferri.

Noms nouveaux.	Noms anciens.

Formiate de magnésie.
   Formias magnesiæ.

Formiate de manganèse.
   Formias magnesii.

Formiate de mercure.
   Formias mercurii.

Formiate de molyb-
   dène.
   Formias molybdeni.

Formiate de Nickel.
   Formias Niccoli.

Formiate d'or.
   Formias auri.

Formiate de platine.
   Formias platini.

Formiate de plomb.
   Formias plumbi.

Formiate de potasse.
   Formias potassæ.

Formiate de soude.
   Formias sodæ.

Formiate de tungstène.
   Formias tunsteni.

Formiate de zinc.
   Formias zinci.

G.

Noms nouveaux.	Noms anciens.
GAZ. *Gas.*	Gaz. *Fluides élastiques.* *Fluides aériformes.*
Gaz acide acéteux. *Gas acidum acetosum.*	*Gaz acide acéteux.*
Gaz acide carbonique. *Gas acidum carbonicum.*	*Air fixe.* *Air solide de Hales.* *Gaz acide crayeux.* *Gaz méphitique.*
Gaz acide fluorique. *Gas acidum fluoricum.*	*Gaz acide spathique.* *Gaz acide fluorique.*
Gaz acide muriatique. *Gas acidum muriaticum.*	*Air marin.* *Gaz acide marin.* *Gaz acide muriatique.*
Gaz acide muriatique oxigéné. *Gas acidum muriaticum oxigenatum.*	*Gaz acide muriatique aéré.* *Acide marin déphlogistiqué.*
Gaz acide nitreux. *Gas acidum nitrosum.*	*Gaz acide nitreux.*
Gaz acide prussique. *Gas acidum prussicum.*	*Gaz prussien.*
Gaz acide sulfureux. *Gas acidum sulfureum.*	*Gaz acide sulfureux.* *Air acide vitriolique.*

Noms nouveaux.	Noms anciens.
Gaz ammoniacal. *Gas ammoniacale.*	Gaz alkalin. Air alkalin. Gaz alkali volatil.
Gaz azotique. *Gas azoticum.*	Air vicié. Air gâté. Air phlogistiqué. Gaz phlogistiqué. Mofete atmosphérique.
Gaz hydrogène. *Gas hidrogenium.*	Gaz inflammable. Air inflammable. Phlogistique de M. Kirvan.
Gaz hydrogène carboné. *Gas hidrogenium carbonatum.*	Gaz inflammable charbonneux.
Gaz hydrogène des marais. *Gas hidrogenium paludum.*	Gaz inflammable mophétisé. Air inflammable des marais.
Gaz hydrogène phosphorisé. *Gas hidrogenium phosphorisatum.*	Gaz phosphorique.
Gaz hydrogène sulfuré. *Gas hidrogenium sulfuratum.*	Gaz hépatique.

M

Noms nouveaux.	Noms anciens.
Gaz nitreux. *Gas nitrosum.*	Gaz nitreux.
Gaz oxigène. *Gas oxigenium.*	Air vital. Air pur. Air déphlogistiqué.
Gluten, ou le gluti- neux. *Gluten.*	Gluten de la farine, du froment. Matière végéto-animale.

H.

HUILES empyreu- matiques. *Olea empyreumatica.*	Huiles empyreumatiques.
Huiles fixes. *Olea fixa.*	Huiles grasses. Huiles douces. Huiles par expression.
Huiles volatiles. *Olea volatilia.*	Huiles essentielles. Essences.

I.

J.

K.

L.

Noms nouveaux.	Noms anciens.

Sels formés par la combinaison de l'acide du petit lait aigri ou de l'acide lactique, avec différentes bases.

Ces sels n'étoient point connus avant Schéele, & n'avoient point reçu de nom jusqu'à présent. On n'a encore examiné que très-peu leurs propriétés.

LACTATES.
Lactas, tis. f. m.

Lactate d'alumine.
Lactas aluminosus.

Lactate d'ammoniaque.
Lactas ammoniacalis.

Lactate d'antimoine.
Lactas stibii.

Lactate d'argent.
Lactas argenti.

Lactate d'arsenic.
Lactas arsenicalis.

Lactate de baryte.
Lactas baryticus.

Lactate de bismuth.
Lactas bismuthi.

Lactate de chaux.
Lactas calcareus.

Noms nouveaux.	Noms anciens.
Lactate de cobalt.	
Lactas cobalti.	
Lactate de cuivre.	
Lactas cupri.	
Lactate d'étain.	
Lactas stanni.	
Lactate de fer.	
Lactas ferri.	
Lactate de magnésie.	
Lactas magnesiæ.	
Lactate de manganèse.	
Lactas magnesii.	
Lactate de mercure.	
Lactas mercurii.	
Lactate de molybdène.	
Lactas molybdeni.	
Lactate de Nickel.	
Lactas Niccoli.	
Lactate d'or.	
Lactas auri.	
Lactate de platine.	
Lactas platini.	
Lactate de plomb.	
Lactas plumbi.	
Lactate de potasse.	
Lactas potassæ.	
Lactate de soude.	
Lactas sodæ.

Noms nouveaux.	Noms anciens.

Lactate de tungstène.
  Lactas tunsteni.
Lactate de zinc.
  Lactas zinci.

Lithiate,
  Lithias , tis. f. m.

Sels formés par la combinaison de l'acide lithique ou de la pierre de la vessie avec différentes bases.

Ces sels n'avoient point été compris dans la Nomenclature ancienne , parce qu'ils n'étoient point connus avant Schéele.

Lithiate d'alumine.
  Lithias aluminosus.
Lithiate d'ammoniaque.
  Lithias ammoniacalis.
Lithiate d'antimoine.
  Lithias stibii.
Lithiate d'argent.
  Lithias argenti.
Lithiate d'arsenic.
  Lithias arsenicalis.
Lithiate de baryte.
  Lithias baryticus.
Lithiate de bismuth.
  Lithias bismuthi.
Lithiate de chaux.
  Lithias calcareus.
Lithiate de cobalt.
  Lithias cobalti.

| *Noms nouveaux.* | Noms anciens. |

Lithiate de cuivre.
  Lithias cupri.
Lithiate d'étain.
  Lithias stanni.
Lithiate de fer.
  Lithias ferri.
Lithiate de magnésie.
  Lithias magnesiæ.
Lithiate de manganèse.
  Lithias magnesii.
Lithiate de mercure.
  Lithias mercurii.
Lithiate de molybdène.
  Lithias molybdeni.
Lithiate de Nickel.
  Lithias Niccoli.
Lithiate d'or.
  Lithias auri.
Lithiate de platine.
  Lithias platini.
Lithiate de plomb.
  Lithias plumbi.
Lithiate de potasse.
  Lithias potassæ.
Lithiate de soude.
  Lithias sodæ.
Lithiate de tungstène.
  Lithias tunsteni.

Noms nouveaux.	Noms anciens.
Lithiate de zinc. *Lithias zinci.*	
Lumière.	*Lumière.*

M.

MALATE. *Malas, tis. f. m.*

Sel formé par la combinaison de l'acide malique ou des pommes avec différentes bases.

Ce genre de sels n'a point encore reçu de nom dans l'ancienne Nomenclature.

Malate d'alumine. *Malas aluminofus.*
Malate d'ammoniaque. *Malas ammoniacalis.*
Malate d'antimoine. *Malas ftibii.*
Malate d'argent. *Malas argenti.*
Malate d'arfenic. *Malas arfenicalis.*
Malate de baryte. *Malas baryticus.*
Malate de bifmuth. *Malas bifmuthi.*
Malate de chaux. *Malas calcareus.*
Malate de cobalt. *Malas cobalti.*

Noms nouveaux.	Noms anciens.

Malate de cuivre.
    Malas cupri.

Malate d'étain.
    Malas stanni.

Malate de fer.
    Malas ferri.

Malate de magnésie.
    Malas magnesiæ.

Malate de manganèse.
    Malas magnesii.

Malate de mercure.
    Malas mercurii.

Malate de molybdène.
    Malas molybdeni.

Malate de Nickel.
    Malas Niccoli.

Malate d'or.
    Malas auri.

Malate de platine.
    Malas platini.

Malate de plomb.
    Malas plumbi.

Malate de potasse.
    Malas potassæ.

Malate de soude.
    Malas sodæ.

Malate de tungstène.
    Malas tunsteni.

Noms nouveaux.	Noms anciens.

Malate de zinc.
Malas zinci.

Manganèſe.
Magneſium. } *Régule de manganèſe.*

Mercure.
Hydrargirum. } *Mercure.*
Vif-argent.

Molibdate.
Molibdas , tis. ſ. m. } Sel formé par la combinaiſon de l'acide molybdi-
que avec différentes baſes.
    Ce genre de ſels n'avoit
point été nommé dans la
Nomenclature ancienne.

Molibdate d'alumine.
Molibdas aluminoſus.

Molibdate d'ammonia-
que.
Molibdas ammoniacalis.

Molibdate d'antimoine.
Molibdas ſtibii.

Molibdate d'argent.
Molibdas argenti.

Molibdate d'arſenic.
Molibdas arſenicalis.

Molibdate de baryte.
Molibdas baryticus.

Molibdate de biſmuth.
Molibdas biſmuthi.

Molibdate de chaux.
Molibdas calcareus.

Noms nouveaux.	Noms anciens.

Molibdate de cobalt.
Molibdas cobalti.

Molibdate de cuivre.
Molibdas cupri.

Molibdate d'étain.
Molibdas stanni.

Molibdate de fer.
Molibdas ferri.

Molibdate de magnésie.
Molibdas magnesiæ.

Molibdate de manga-
nèse.
Molibdas magnesii.

Molibdate de mercure.
Molibdas hydrargiri.

Molibdate de Nickel.
Molibdas Niccoli.

Molibdate d'or.
Molibdas auri.

Molibdate de platine.
Molibdas platini.

Molibdate de plomb.
Molibdas plumbi.

Molibdate de potasse.
Molibdas potassæ.

Molibdate de soude.
Molibdas sodæ.

Molibdate de tungsten.
Molibdas tunsteni.

Noms nouveaux.	Noms anciens.
Molibdate de zinc. *Molibdas zinci.*	
Molibdène. (le)	*Régule de molybdéne.*
Muqueux. (le)	*Mucilage.*
Muriate. *Murias , tis. f. m.*	Sel formé par la combinaison de l'acide muriatique & de différentes bases.
Muriate d'alumîne. *Murias aluminofus.*	*Alun marin.* *Sel marin argileux.*
Muriate d'ammoniaque. *Murias ammoniacalis.*	*Sel ammoniac.* *Salmiac.*
Muriate d'antimoine. *Murias ftibii.*	*Muriate d'antimoine.*
Muriate d'antimoine fumant. *Murias ftibii fumans.*	*Beurre d'antimoine.*
Muriate d'argent. *Murias argenti.*	*Argent corné.* *Lune cornée.*
Muriate d'arfenic. *Murias arfenicalis.*	
Muriate d'arfenic fublimé. *Murias arfenicalis fublimatus.*	*Beurre d'arfenic.*
Muriate de baryte. *Murias baryticus.*	*Sel marin barotique.*
Muriate de bifmuth. *Murias bifmuthi.*	*Muriate de bifmuth.*

Noms nouveaux.	Noms anciens.
Muriate de bismuth sublimé. *Murias bismuthi.*	Beurre de bismuth.
Muriate de chaux. *Murias calcareus.*	Eau mère du sel marin. Sel marin calcaire. Sel ammoniac fixe.
Muriate de cobalt. *Murias cobalti.*	Encre de sympathie.
Muriate de cuivre. *Murias cupri.*	Muriate de cuivre.
Muriate de cuivre ammoniacal sublimé. *Murias cupri.*	Fleurs ammoniacales cuivreuses.
Muriate d'étain. *Murias stanni.*	Sel de Jupiter.
Muriate d'étain concret. *Murias stanni.*	Beurre d'étain solide de M. Baumé. Etain corné.
Muriate d'étain fumant. *Murias stanni.*	Liqueur fumante de Libavius.
Muriate d'étain sublimé. *Murias stanni.*	Beurre d'étain.
Muriate de fer. *Murias ferri.*	Muriate de fer. Sel marin de fer.
Muriate de fer ammoniacal sublimé. *Murias ferri ammoniacalis sublimatus.*	Fleurs ammoniacales martiales.

Noms nouveaux.	Noms anciens.
Muriate de magnésie. *Murias magnesiæ.*	Sel marin à base de magnésie.
Muriate de manganèse. *Murias magnesii.*	Muriate de manganèse.
Muriate de mercure corrosif. *Murias hydrargiri corrosivus.*	Sublimé corrosif.
Muriate de mercure doux. *Murias hydrargiri dulcis.*	Sublimé doux.
Muriate de mercure doux sublimé. *Murias hydrargiri sublimatus.*	Aquila alba.
Muriate de mercure & d'ammoniaque. *Murias hydrargiri & ammoniacalis.*	Sel alembroth.
Muriate de mercure par précipation. *Murias hydrargiri.*	Sel de la sagesse. Muriate précipité blanc.
Muriate de molibdène. *Murias molibdeni.*	
Muriate de Nickel. *Murias Niccoli.*	
Muriate d'or. *Murias auri.*	Muriate d'or. Sel régalin d'or.

Noms nouveaux.	*Noms anciens.*
Muriate de platine. *Murias platini.*	{ Muriate de platine. Sel régalin de platine.
Muriate de plomb. *Murias plumbi.*	{ Plomb corné. Muriate de plomb.
Muriate de potasse. *Murias potassæ.*	{ Sel fébrifuge de Sylvius.
Muriate de soude. *Murias sodæ.*	} Sel marin.
Muriate de soude fossile. *Murias sodæ fossilis.*	} Sel gemme.
Muriate de tungstene. *Murias tunsteni.*	
Muriate de zinc. *Murias zinci.*	{ Sel marin de zinc. Muriate de zinc.
Muriate de zinc sublimé. *Murias zinci.*	} Beurre de zinc.
Muriates oxigénés.	(Nouvelles combinaisons de l'acide muriatique oxigéné avec la potasse & la soude, découvertes par M. Berthollet.)
Muriate oxigéné de potasse. *Murias oxigenatus potassæ.*	
Muriate oxigéné de soude. *Murias oxigenatus sodæ.*	

N.

Noms nouveaux.	Noms anciens.
NITRATES. *Nitras, tis. f. m.*	Sels formés par la combinaison de l'acide nitrique avec différentes bases.
Nitrate d'alumine. *Nitras aluminosus.*	Alun nitreux. *Nitre argileux.*
Nitrate d'ammoniaque. *Nitras ammoniacalis.*	Sel ammoniacal nitreux. *Nitre ammoniacal.*
Nitrate d'antimoine. *Nitras stibii.*	
Nitrate d'argent. *Nitras argenti.*	Nitre lunaire. *Nitre d'argent.* *Cristaux de lune.*
Nitrate d'argent fondu. *Nitras argenti fusus.*	Pierre infernale.
Nitrate d'arsenic. *Nitras arsenicalis.*	Nitre d'arsenic.
Nitrate de baryte. *Nitras baryticus.*	Nitre de terre pesante. *Nitre barotique.*
Nitrate de bismuth. *Nitras bismuthi.*	Nitre de bismuth.
Nitrate de chaux. *Nitras calcareus.*	Nitre calcaire. *Eau mère du nitre.*
Nitrate de cobalt. *Nitras cobalti.*	Nitre de cobalt.
Nitrate de cuivre. *Nitras cupri.*	Nitre de cuivre.
Nitrate d'étain. *Nitras stanni.*	Nitre d'étain. *Sel stanno-nitreux.*

Noms nouveaux.		*Noms anciens.*
Nitrate de fer. *Nitras ferri.*	{	Nitre de fer. Nitre martial.
Nitrate de magnésie. *Nitras magnesiæ.*	{	Nitre de magnésie. Nitre magnésien.
Nitrate de manganèse. *Nitras magnesii.*	{	Nitre de manganèse.
Nitrate de mercure. *Nitras hydrargiri.*	{	Nitre mercuriel. Nitre de mercure.
Nitrate de mercure en dissolution. *Nitras hydrargiri.*	{	Eau mercurielle.
Nitrate de molibdène. *Nitras molybdeni.*		
Nitrate de Nickel. *Nitras Niccoli.*	{	Nitre de Nickel.
Nitrate d'or. *Nitras auri.*		
Nitrate de platine. *Nitras platini.*		
Nitrate de plomb. *Nitras plumbi.*	{	Nitre de plomb. Nitre saturnin.
Nitrate de potasse, ou nitre. *Nitras potassæ, vel nitrum.*	{	Nitre. Salpêtre.
Nitrate de soude. *Nitras sodæ.*	{	Nitre cubique. Nitre rhomboïdal.

Nitrate

Noms nouveaux.	Noms anciens.

Nitrate de tungstène.
Nitras tunsteni.

Nitrate de zinc.
Nitras zinci.

} *Nitre de zinc.*

Nitrite.
Nitris , tis. s. m.

{ Sel formé par la combi-
naison de l'acide *nitreux* *
avec différentes bases.

Ce genre de sel n'avoit
point de nom dans l'ancienne
Nomenclature.

Il n'étoit pas connu avant
les nouvelles découvertes.

Nitrite d'alumine.
Nitris aluminosus.

Nitrite d'ammoniaque.
Nitris ammoniacalis.

Nitrite d'antimoine.
Nitris stibii.

Nitrite d'argent.
Nitris argenti.

Nitrite d'arsenic.
Nitris arsenicalis.

Nitrite de baryte.
Nitris baryticus.

Nitrite de bismuth.
Nitris bismuthi.

Nitrite de chaux.
Nitris calcareus.

Nitrite de cobalt.
Nitris cobalti.

* C'est-à-dire avec un esprit
de nitre contenant moins d'oxigène que celui que nous avons
appellé acide *nitrique*, & qui
forme les *nitrates*.

N

Noms nouveaux.	Noms anciens.

Nitrite de cuivre.
Nitris cupri.

Nitrite d'étain.
Nitris stanni.

Nitrite de fer.
Nitris ferri.

Nitrite de magnésie.
Nitris magnesiæ.

Nitrite de manganèse.
Nitris magnesii.

Nitrite de mercure.
Nitris hydrargiri.

Nitrite de molybdène.
Nitris molybdeni.

Nitrite de Nickel.
Nitris Niccoli.

Nitrite d'or.
Nitris auri.

Nitrite de platine.
Nitris platini.

Nitrite de plomb.
Nitris plumbi.

Nitrite de potasse.
Nitris potassæ.

Nitrite de soude.
Nitris sodæ.

Nitrite de tungstène.
Nitris tunsteni.

Nitrite de zinc.
Nitris zinci.

O.

Noms nouveaux.	Noms anciens.
OR. *Aurum.*	} *Or.*
Oxalate. *Oxalas , tis. f. m.*	} Sel formé par la combinaison de l'acide oxalique, avec différentes bases. La plupart des sels de ce genre n'ont point été nommés dans l'ancienne Nomenclature.

Oxalate acidule d'ammoniaque.
  Oxalas acidulus ammoniacalis.

Oxalate acidule de potasse.
  Oxalas acidulus potassæ.

Oxalate acidule de soude.
  Oxalas acidulus sodæ.

Oxalate d'alumine.
  Oxalas aluminosus.

Oxalate d'ammoniaque.
  Oxalas ammoniacalis.

Oxalate d'antimoine.
  Oxalas stibii.

Oxalate acidule de potasse. Oxalate acidule de soude.	} Sel d'oseille du commerce.

Noms nouveaux.	Noms anciens.
Oxalate d'argent.	
Oxalas argenti.	
Oxalate d'arfenic.	
Oxalas arfenicalis.	
Oxalate de baryte.	
Oxalas baryticus.	
Oxalate de bifmuth.	
Oxalas bifmuthi.	
Oxalate de chaux.	
Oxalas calcareus.	
Oxalate de cobalt.	
Oxalas cobalti.	
Oxalate de cuivre.	
Oxalas cupri.	
Oxalate d'étain.	
Oxalas ftanni.	
Oxalate de fer.	
Oxalas ferri.	
Oxalate de magnéfie.	
Oxalas magnefiæ.	
Oxalate de manganèfe.	
Oxalas magnefii.	
Oxalate de mercure.	
Oxalas hydrargiri.	
Oxalate de molybdène.	
Oxalas molybdeni.	
Oxalate de Nickel.	
Oxalas Niccoli.	
Oxalate d'or.	
Oxalas auri.	

Noms nouveaux.	*Noms anciens.*
Oxalate de platine. *Oxalas platini.*	
Oxalate de plomb. *Oxalas plumbi.*	
Oxalate de potasse. *Oxalas potassæ.*	
Oxalate de soude. *Oxalas sodæ.*	
Oxalate de tungstène. *Oxalas tunsteni.*	
Oxalate de zinc. *Oxalas zinci.*	
Oxide arsenical de po-tasse. *Oxidum arsenicale po-tassæ.*	Foie d'arsenic.
Oxide blanc d'arsenic. *Oxidum arsenici album.*	Arsenic blanc. Chaux d'arsenic.
Oxide d'antimoiné PAR LES ACIDES MURIA-TIQUE & NITRI-QUE. *Oxidum stibii.*	Bézoard minéral.
Oxide d'antimoine blanc par le nitre. *Oxidum stibii album ni-tro-confectum.*	Antimoine diaphorétique. Céruse d'antimoine. Matière perlée de Ker-kringius.

Noms nouveaux.	Noms anciens.
Oxide d'antimoine blanc sublimé. *Oxidum stibii album sublimatum.*	*Neige d'antimoine. Fleurs d'antimoine. Fleurs argentines de régule d'antimoine.*
Oxide d'antimoine par l'acide muriatique. *Oxidum stibii acido muriatico confectum.*	*Poudre d'Algaroth.*
Oxide d'antimoine sulfuré. *Oxidum stibii sulfuratum.*	*Foie d'antimoine.*
Oxide d'antimoine sulfuré demi-vitreux. *Oxidum stibii sulfuratum semi-vitreum.*	*Safran des métaux.*
Oxide d'antimoine sulfuré orangé. *Oxidum stibii sulfuratum aurantiacum.*	*Soufre doré d'antimoine.*
Oxide d'antimoine sulfuré rouge. *Oxidum stibii sulfuratum rubrum.*	*Kermès minéral.*
Oxide d'antimoine sulfuré vitreux. *Oxidum stibii sulfuratum vitreum.*	*Verre d'antimoine.*

Noms nouveaux.	Noms anciens.
Oxide d'antimoine sul-furé vitreux brun. *Oxidum stibii sulfura-tum vitreum fuscum.*	*Rubine d'antimoine.*
Oxide d'arsenic blanc sublimé. *Oxidum arsenici album sublimatum.*	*Fleurs d'arsenic.*
Oxide d'arsenic sulfuré jaune. *Oxidum arsenici sulfu-ratum luteum.*	*Orpiment.*
Oxide d'arsenic sulfuré rouge. *Oxidum arsenici sulfu-ratum rubrum.*	*Arsenic rouge.* *Réalgar ou réalgal.*
Oxide de bismuth blanc par l'acide nitrique. *Oxidum bismuthi al-bum acido-nitrico con-fectum.*	*Magistère de bismuth.* *Blanc de fard.*
Oxide de bismuth su-blimé. *Oxidum bismuthi subli-matum.*	*Fleurs de bismuth.*
Oxide de cobalt gris, avec silice ou safre. *Oxidum cobalti cine-reum cum silice.*	*Safre.*

Noms nouveaux.	Noms anciens.
Oxide de cobalt vitreux. *Oxidum cobalti vitreum.*	Azur. Smalt.
Oxide de cuivre verd. *Oxidum cupri viride.*	Verd de gris. Rouille de cuivre.
Oxide d'étain gris. *Oxidum stanni cinereum.*	Potée d'étain.
Oxide d'étain sublimé. *Oxidum stanni sublimatum.*	Fleurs d'étain.
Oxides de fer. *Oxida ferri.*	Safrans de Mars.
Oxide de fer brun. *Oxidum ferri fuscum.*	Safran de Mars astringent.
Oxide de fer jaune. *Oxidum ferri luteum.*	Ocre.
Oxide de fer noir. *Oxidum ferri nigrum.*	Ethiops martial.
Oxide de fer rouge. *Oxidum ferri rubrum.*	Colcothar.
Oxide de mercure jaune par l'acide nitrique. *Oxidum hydrargiri luteum acido nitrico confectum.*	Turbith nitreux.

Noms nouveaux.	Noms anciens.
Oxide de mercure jaune par l'acide sulfurique. *Oxidum hydrargiri luteum acido sulfurico confectum.*	Turbith minéral. Précipité jaune.
Oxide de manganèse blanc. *Oxidum magnesii album.*	Chaux blanche de manganèse.
Oxide de manganèse noir. *Oxidum magnesii nigrum.*	Magnésie noire. Savon des verriers. Pierre de Périgueux.
Oxide de mercure noirâtre. *Oxidum hydrargiri nigrum.*	Ethiops per se.
Oxide de mercure rouge par l'acide nitrique. *Oxidum hydrargiri rubrum acido nitrico confectum.*	Précipité rouge.
Oxide de mercure rouge par le feu. *Oxidum hydrargiri rubrum per ignem.*	Précipité per se.

Noms nouveaux.	Noms anciens.
Oxide de mercure sulfuré noir. *Oxidum hydrargiri sulfuratum nigrum.*	Ethiops minéral.
Oxide de mercure sulfuré rouge. *Oxidum hydrargiri sulfuratum rubrum.*	Cinnabre.
Oxide d'or ammoniacal. *Oxidum auri ammoniacale.*	Or fulminant.
Oxide d'or par l'étain. *Oxidum auri per stannum.*	Précipité d'or par l'étain. Pourpre de Cassius.
Oxides de plomb. *Oxida plumbi.*	Chaux de plomb.
Oxide de plomb blanc par l'acide acéteux. *Oxidum plumbi album per acidum acetosum.*	Blanc de plomb.
Oxide de plomb demi-vitreux ou litharge. *Oxidum plumbi semi-vitreum.*	Litharge.
Oxide de plomb jaune. *Oxidum plumbi luteum.*	Massicot.
Oxide de plomb rouge ou minium. *Oxidum plumbi rubrum.*	Minium.

Noms nouveaux. | *Noms anciens.*

Oxide de zinc sublimé.
Oxidum zinci sublima-
tum.
{ Laine philosophique.
Coton philosophique.
Fleurs de zinc.
Pompholix.

Oxides métalliques.
Oxida metallica.
{ Chaux métalliques.

Oxides métalliques su-
blimés.
Oxida metallica subli-
mata.
{ Fleurs métalliques.

Oxigène.
Oxigenium.
{ Oxigine.
Base de l'air vital.
Principe acidifiant.
Empyrée.
Principe sorbile.

P.

PHOSPHATE.
Phosphas, tis. s. m.
{ Sel formé par l'union de
l'acide phosphorique avec
différentes bases.

Phosphate d'alumine.
Phosphas aluminosus.

Phosphate d'ammonia-
que.
Phosphas ammoniaca-
lis.
{ Ammoniaque phosphori-
que.
Phosphate ammoniacal.

Phosphate d'antimoine.
Phosphas stibii.

Phosphate d'argent.
Phosphas argenti.

Noms nouveaux.	Noms anciens.
Phosphate d'arsenic. *Phosphas arsenicalis.*	
Phosphate de baryte. *Phosphas baryticus.*	
Phosphate de bismuth. *Phosphas bismuthi.*	
Phosphate calcaire ou de chaux. *Phosphas calcareus.*	Terre des os. Phosphate calcaire. Terre animale.
Phosphate de cobalt. *Phosphas cobalti.*	
Phosphate de cuivre. *Phosphas cupri.*	
Phosphate d'étain. *Phosphas stanni.*	
Phosphate de fer. *Phosphas ferri.*	Sydérite. Fer d'eau. Mine de fer de marais.
Phosphate de magnésie. *Phosphas magnesiæ.*	Phosphate de magnésie.
Phosphate de manganèse. *Phosphas magnesii.*	
Phosphate de mercure. *Phosphas hydrargiri.*	Précipité rose de mercure.
Phosphate de molybdène. *Phosphas molybdeni.*	

Noms nouveaux.	*Noms anciens.*
Phosphate de Nickel. *Phosphas Niccoli.*	
Phosphate d'or. *Phosphas auri.*	
Phosphate de platine. *Phosphas platini.*	
Phosphate de plomb. *Phosphas plumbi.*	
Phosphate de potasse. *Phosphas potassæ.*	
Phosphate de soude. *Phosphas sodæ.*	
Phosphate de soude & d'ammoniaque. *Phosphas sodæ & am- moniacalis.*	Sel natif de l'urine. Sels fusibles de l'urine.
Phosphate sursaturé de soude. *Phosphas supersatura- tus sodæ.*	Sel admirable perlé.
Phosphate de tungstène. *Phosphas tunsteni.*	
Phosphate de zinc. *Phosphas zinci.*	
Phosphite. *Phosphis, itis. s. m.*	Sel formé par la com- binaison de l'acide phos- phoreux avec différentes bases.
Phosphite d'alumine. *Phosphis aluminosus.*	

Noms nouveaux.	Noms anciens.

Phosphite d'ammonia-
que.
Phosphis ammoniacalis.

Phosphite d'antimoine.
Phosphis stibii.

Phosphite d'argent.
Phosphis argenti.

Phosphite d'arsenic.
Phosphis arsenicalis.

Phosphite de baryte.
Phosphis baryticus.

Phosphite de bismuth.
Phosphis bismuthi.

Phosphite de chaux.
Phosphis calcareus.

Phosphite de cobalt.
Phosphis cobalti.

Phosphite de cuivre.
Phosphis cupri.

Phosphite d'étain.
Phosphis stanni.

Phosphite de fer.
Phosphis ferri.

Phosphite de magnésie.
Phosphis magnesiæ.

Phosphite de manga-
nèse.
Phosphis magnesii.

Noms nouveaux.	Noms anciens.
Phosphite de mercure. *Phosphis hydrargiri.*	
Phosphite de molyb- dène. *Phosphis molybdeni.*	
Phosphite de Nickel. *Phosphis Niccoli.*	
Phosphite d'or. *Phosphis auri.*	
Phosphite de platine. *Phosphis platini.*	
Phosphite de plomb. *Phosphis plumbi.*	
Phosphite de potasse. *Phosphis potassæ.*	
Phosphite de soude. *Phosphis sodæ.*	
Phosphite de tungstène. *Phosphis tunsteni.*	
Phosphite de zinc. *Phosphis zinci.*	
Phosphore. *Phosphorum.*	Phosphore de Kunckel.
Phosphure. *Phosphoretum.*	Combinaison du phos- phore non oxigéné, avec différentes bases.
Phosphure de cuivre. *Phosphoretum cupri.*	

Noms nouveaux.	*Noms anciens.*
Phosphure de fer. *Phosphoretum ferri.*	*Syderum de Bergman.* *Syderotete de M. de Morveau.* *Régule de Syderite.*
Pyro-lignite. *Pyro-lignis, tis. f. m.*	Sel formé par la combinaison de l'acide pyro-lignique avec différentes bases. Ces sels n'avoient point encore été nommés dans l'ancienne Nomenclature.
Pyro-lignite d'alumine. *Pyro-lignis aluminosus.*	
Pyro-lignite d'ammoniaque. *Pyro-lignis ammoniacalis.*	
Pyro-lignite d'antimoine. *Pyro-lignis stibii.*	
Pyro-lignite d'argent. *Pyro-lignis argenti.*	
Pyro-lignite d'arsenic. *Pyro-lignis arsenicalis.*	
Pyro-lignite de baryte. *Pyro-lignis baryticus.*	
Pyro-lignite de bismuth. *Pyro-lignis bismuthi.*	
Pyro-lignite de chaux. *Pyro-lignis calcareus.*	

Noms nouveaux.	Noms anciens.

Pyro-lignite de cobalt.
Pyro-lignis cobalti.

Pyro-lignite de cuivre.
Pyro-lignis cupri.

Pyro-lignite d'étain.
Pyro-lignis stanni.

Pyro-lignite de fer.
Pyro-lignis ferri.

Pyro-lignite de mag-
néſie.
Pyro-lignis magnesiæ.

Pyro-lignite de manga-
nèſe.
Pyro-lignis magnesii.

Pyro-lignite de mer-
cure.
Pyro-lignis hydrargiri.

Pyro-lignite de molyb-
dène.
Pyro-lignis molybdeni.

Pyro-lignite de Nickel.
Pyro-lignis Niccoli.

Pyro-lignite d'or.
Pyro-lignis auri.

Pyro-lignite de platine.
Pyro-lignis platini.

Pyro-lignite de plomb.
Pyro-lignis plumbi.

O

Noms nouveaux.	Noms anciens.
Pyro-lignite de potaſſe.	
Pyro-lignis potaſſæ.	
Pyro-lignite de ſoude.	
Pyro-lignis ſodæ.	
Pyro-lignite de tungſ-tène.	
Pyro-lignis tunſteni.	
Pyro-lignite de zinc.	
Pyro-lignis zinci.	
Pyro-mucites.	Sels formés par la combinaiſon de l'acide pyro-mucique avec différentes baſes. Ce genre de ſels n'avoit point encore reçu de nom dans l'ancienne Nomenclature.
Pyro-mucis, tis. ſ. m.	
Pyro-mucite d'alumine.	
Pryo-mucis aluminoſus.	
Pyro-mucite d'ammo-niaque.	
Pyro-mucis ammonia-calis.	
Pyro-mucite d'anti-moine.	
Pyro mucis ſtibii.	
Pyro-mucite d'argent.	
Pyro-mucis argenti.	
Pyro-mucite d'arſenic.	
Pyro-mucis arſenicalis.	

Noms nouveaux.	Noms anciens.

Pyro-mucite de baryte.
Pyro-mucis baryticus.

Pyro-mucite de bif-
muth.
Pyro-mucis bifmuthi.

Pyro-mucite de chaux.
Pyro-mucis calcareus.

Pyro-mucite de cobalt.
Pyro-mucis cobalti.

Pyro-mucite de cuivre.
Pyro-mucis cupri.

Pyro-mucite d'étain.
Pyro-mucis ſtanni.

Pyro-mucite de fer.
Pyro-mucis ferri.

Pyro-mucite de mag-
néſie.
Pyro-mucis magneſiæ.

Pyro-mucite de manga-
nèſe.
Pyro-mucis magneſii.

Pyro-mucite de mer-
cure.
Pyro-mucis hydrargiri.

Pyro-mucite de molyb-
dène.
Pyro-mucis molibdeni.

Pyro-mucite de Nickel.
Pyro-mucis Niccoli.

Noms nouveaux.	Noms anciens.
Pyro-mucite d'or.	
Pyro-mucis auri.	
Pyro-mucite de platine.	
Pyro-mucis platini.	
Pyro-mucite de plomb.	
Pyro-mucis plumbi.	
Pyro-mucite de potasse.	
Pyro-mucis potassæ.	
Pyro-mucite de soude.	
Pyro-mucis sodæ.	
Pyro-mucite de tungs-tène.	
Pyro-mucis tunsteni.	
Pyro-mucite de zinc.	
Pyro-mucis zinci.	

Pyro-tartrites.
Pyro-tartris, tis. s. m.   }   Sels formés par la combinaison de l'acide pyro-tartareux avec différentes bases.

Pyro-tartrite d'alumine.
Pyro-tartris alumi-nosus.

Pyro-tartrite d'ammo-niaque.
Pyro-tartris ammonia-calis.

Pyro-tartrite d'anti-moine.
Pyro-tartris stibii.

Pyro-tartrite d'argent.
Pyro-tartris argenti.

Noms nouveaux.	Noms anciens.

Pyro-tartrite d'arsenic.
Pyro-tartris arsenicalis.

Pyro-tartrite de baryte.
Pyro-tartris baryticus.

Pyro-tartrite de bis-muth.
Pyro-tartris bismuthi.

Pyro-tartrite de chaux.
Pyro-tartris calcareus.

Pyro-tartrite de cobalt.
Pyro-tartris cobalti.

Pyro-tartrite de cuivre.
Pyro-tartris cupri.

Pyro-tartrite d'étain.
Pyro-tartris stanni.

Pyro-tartrite de fer.
Pyro-tartris ferri.

Pyro-tartrite de mag-néfie.
Pyro-tartris magnefiæ.

Pyro-tartrite de man-ganèfe.
Pyro-tartris magnefii.

Pyro-tartrite de mer-cure.
Pyro-tartris hydrargiri.

Pyro-tartrite de molyb-dène.
Pyro-tartris molybdeni.

Noms nouveaux.	Noms anciens.
Pyro-tartrite de Nickel. *Pyro-tartris Niccoli.*	
Pyro-tartrite d'or. *Pyro-tartris auri.*	
Pyro-tartrite de platine. *Pyro-tartris platini.*	
Pyro-tartrite de plomb. *Pyro-tartris plumbi.*	
Pyro-tartrite de potasse. *Pyro-tartris potassæ.*	
Pyro-tartrite de soude. *Pyro-tartris sodæ.*	
Pyro-tartrite de tungs- tène. *Pyro-tartris tunsteni.*	
Pyro-tartrite de zinc. *Pyro-tartris zinci.*	
Platine. *Platina.*	*Juan blanca.* *Platine.* *Platina del pinto.*
Plomb. *Plumbum.*	*Plomb.* *Saturne.*
Potasse. *Potassa , æ.*	*Alkali fixe végétal caus- tique.*
Potasse fondue. *Potassa fusa.*	*Pierre à cautere.*
Potasse silicée en li- queur. *Potassa silicea fluida.*	*Liqueur des cailloux.*

Noms nouveaux.	Noms anciens.

Pruſſiates.
Pruſſias , iis. ſ. m.

> Sels formés par la combi-
> naiſon de l'acide pruſſique,
> ou matiere colorante du bleu
> de Pruſſe , avec différentes
> baſes.
> Ce genre de ſels n'avoit
> point été nommé dans l'an-
> cienne Nomenclature.

Pruſſiate d'alumine.
Pruſſias aluminoſus.

Pruſſiate d'ammonia-
que.
Pruſſias ammoniacalis.

Pruſſiate d'antimoine.
Pruſſias ſtibii.

Pruſſiate d'argent.
Pruſſias argenti.

Pruſſiate d'arſenic.
Pruſſias arſenicalis.

Pruſſiate de baryte.
Pruſſias baryticus.

Pruſſiate de biſmuth.
Pruſſias biſmuthi.

Pruſſiate de chaux.
Pruſſias calcareus.

> { *Pruſſiate calcaire.*
> { *Eau de chaux pruſſiene.*

Pruſſiate de cobalt.
Pruſſias cobalti.

Pruſſiate de cuivre.
Pruſſias cupri.

Pruſſiate d'étain.
Pruſſias ſtanni.

O iv

Noms nouveaux.	Noms anciens.
Pruffiate de fer. *Pruffias ferri.*	{ Bleu de Pruffe. Bleu de Berlin.
Pruffiate de magnéfie. *Pruffias magnefiæ.*	
Pruffiate de manganèfe. *Pruffias magnefii.*	
Pruffiate de mercure. *Pruffias hydrargiri.*	
Pruffiate de molyb- dène. *Pruffias molybdeni.*	
Pruffiate de Nickel. *Pruffias Niccoli.*	
Pruffiate d'or. *Pruffias auri.*	
Pruffiate de platine. *Pruffias platini.*	
Pruffiate de plomb. *Pruffias plumbi.*	
Pruffiate de potaffe. *Pruffias potaffæ.*	{ *Liqueur faturée de la partie colorante du bleu de Pruffe.*
Pruffiate de potaffe, ferrugineux faturé. *Pruffias potaffæ ferru- ginofus faturatus.*	{ *Alkali Pruffien.*

Noms nouveaux.	Noms anciens.

**Pruffiate de potaffe,
ferrugineux, non
faturé.**
*Pruffias potaffæ ferru-
gineus non faturatus.*
} *Alkali phlogiftiqué.*

Pruffiate de foude.
Pruffias fodæ.

**Pyrophore de Hom-
berg.**
Pyrophorum Hombergii.
} Pyrophore de Homberg.

R.

Résines.
Refinæ.
} *Réfines.*

S.

Saccho-lates.
Saccholas, iis. f. m.
} Sels formés par la combinaifon de l'acide faccholac-
tique avec différentes bafes.
Ce génre de fel n'avoit
point été nommé dans l'ancienne Nomenclature.

Saccho-late d'alumine.
Saccholas aluminofus.

**Saccho-late d'ammo-
niaque.**
*Saccholas ammoniaca-
lis.*

Noms nouveaux.	Noms anciens.
Saccho-late d'anti-moine.	
Saccholas stibii.	
Saccho-late d'argent.	
Saccholas argenti.	
Saccho-late d'arfenic.	
Saccholas arfenicalis.	
Saccho-late de baryte.	
Saccholas baryticus.	
Saccho-late de bifmuth.	
Saccholas bifmuthi.	
Saccho-late de chaux.	
Saccholas calcareus.	
Saccho-late de cobalt.	
Saccholas cobalti.	
Saccho-late de cuivre.	
Saccholas cupri.	
Saccho-late d'étain.	
Saccholas ftanni.	
Saccho-late de fer.	
Saccholas ferri.	
Saccho-late de mag-néfie.	
Saccholas magnefiæ.	
Saccho-late de man-ganèfe.	
Saccholas magnefii.	
Saccho-late de mer-cure.	
Saccholas hydrargiri.	

Noms nouveaux.	Noms anciens.

Saccho-late de molyb-
dène.
Saccholas molibdeni.

Saccho-late de Nickel.
Saccholas Niccoli.

Saccho-late d'or.
Saccholas auri.

Saccho-late de platine.
Saccholas platini.

Saccho-late de plomb.
Saccholas plumbi.

Saccho-late de potasse.
Saccholas potaffæ.

Saccho-late de foude.
Saccholas fodæ.

Saccho-late de tungf-
tène.
Saccholas tunfteni.

Saccho-late de zinc.
Saccholas zinci.

Savons.   { Combinaifons des huiles
Sapones.   graffes, ou fixes, avec différentes bafes.

Savons acides.   { Combinaifons des huiles
Sapones acidi.   graffes, ou fixes, avec différens acides.

Savon d'alumine.   { Savon compofé d'huile
Sapo aluminofus.   graffe, unie avec l'alumine.

Noms nouveaux.	Noms anciens.
Savon ammoniacal. *Sapo ammoniacalis.*	Savon composé d'huile graffe, unie avec l'alkali volatil.
Savon de baryte. *Sapo baryticus.*	Savon composé d'huile graffe, unie avec la baryte.
Savon de chaux. *Sapo calcareus.*	Savon composé d'huile graffe, unie avec la chaux.
Savon de magnéfie. *Sapo magnefiæ.*	Savon composé d'huile graffe, unie avec la magnéfie.
Savon de potaffe. *Sapo potaffæ.*	Savon composé d'huile graffe, unie avec l'alkali fixe végétal.
Savon de foude. *Sapo fodæ.*	Savon composé d'huile graffe, unie avec l'alkali fixe minéral.
Savons métalliques. *Sapones metallici.*	Combinaifons des huiles graffes, ou fixes, avec les fubftances métalliques.
Savonules. *Saponuli.*	Combinaifons des huiles volatiles, ou effentielles, avec différentes bafes.
Savonules acides. *Saponuli acidi.*	Combinaifons des huiles volatiles, ou effentielles, avec les différens acides.
Savonule d'alumine. *Saponulus aluminofus.*	Savon composé d'huile effentielle, unie avec la bafe de l'alun.
Savonule ammoniacal. *Saponulus ammonia-calis.*	Savon composé d'huile effentielle, unie avec l'alkali volatil.

Noms nouveaux.	Noms anciens.
Savonule de baryte. *Saponulus barytæ.*	Savon composé d'huile essentielle, unie avec la baryte.
Savonule de chaux. *Saponulus calcareus.*	Savon composé d'huile essentielle, unie avec la chaux.
Savonule de potasse. *Saponulus potassæ.*	Savon composé d'huile essentielle, unie avec l'alkali fixe végétal, ou *savon de Starkey*.
Savonule de soude. *Saponulus sodæ.*	Savons composés d'huile essentielle, unie avec l'alkali fixe minéral.
Savonules métalliques. *Saponuli metallici.*	Savons composés d'huiles essentielles, unies aux substances métalliques.
Sébates. *Sebas, tis. s. m.*	Sels formés par la combinaison de l'acide de la graisse ou acide sébacique avec différentes bases. Ces sels n'avoient point de noms dans l'ancienne Nomenclature.
Sébate d'alumine. *Sebas aluminosus.*	
Sébate d'ammoniaque. *Sebas ammoniacalis.*	
Sébate d'antimoine. *Sebas stibii.*	
Sébate d'argent. *Sebas argenti.*	

Noms nouveaux.	Noms anciens.

Sébate d'arsenic.
Sebas arsenicalis.

Sébate de baryte.
Sebas baryticus.

Sébate de bismuth.
Sebas bismuthi.

Sébate de chaux.
Sebas calcareus.

Sébate de cobalt.
Sebas cobalti.

Sébate de cuivre.
Sebas cupri.

Sébate d'étain.
Sebas stanni.

Sébate de fer.
Sebas ferri.

Sébate de magnésie.
Sebas magnesiæ.

Sébate de manganèse.
Sebas magnesii.

Sébate de mercure.
Sebas hydrargiri.

Sébate de molybdène.
Sebas molybdeni.

Sébate de Nickel.
Sebas Niccoli.

Sébate d'or.
Sebas auri.

Sébate de platine.
Sebas platini.

Noms nouveaux.	Noms anciens.
Sébate de plomb. *Sebas plumbi.*	
Sébate de potaffe. *Sebas potaffæ.*	
Sébate de foude. *Sebas fodæ.*	
Sébate de tungflène. *Sebas tunfteni.*	
Sébate de zinc. *Sebas zinçi.*	
Silice, ou terre filicée. *Silica, terra filicea.*	Terre *filiceufe.*
Soude. *Soda.*	*Soude cauftique.* *Alkali marin.* *Alkali minéral.*
Soufre. *Sulphur.*	*Soufre.*
Soufre fublimé. *Sulphur fublimatum.*	*Fleurs de foufre.*
Succin. *Succinum.*	*Karabé.* *Ambre jaune.* *Succin.*
Succinates. *Succinas, tis. f. m.*	Sels formés par la combinaifon de l'acide fuccinique avec différentes bafes.
Succinate d'alumine. *Succinas aluminofus.*	
Succinate d'ammo- niaque. *Succinas ammoniacalis.*	

| *Noms nouveaux.* | Noms anciens. |

Succinate d'antimoine.
Succinas ftibii.

Succinate d'argent.
Succinas argenti.

Succinate d'arfenic.
Succinas arfenicalis.

Succinate de baryte.
Succinas baryticus.

Succinate de bifmuth.
Succinas bifmuthi.

Succinate de chaux.
Succinas calcareus.

Succinate de cobalt.
Succinas obalti.

Succinate de cuivre.
Succinas cupri.

Succinate d'étain.
Succinas ftanni.

Succinate de fer.
Succinas ferri.

Succinate de magnéfie.
Succinas magnefiæ.

Succinate de man-
ganèfe.
Succinas magnefii.

Succinate de mercure.
Succinas hydrargiri.

Succinate

Noms nouveaux.	Noms anciens.
Succinate de molyb-dène. *Succinas molybdeni.*	
Succinate de Nickel. *Succinas Niccoli.*	
Succinate d'or. *Succinas auri.*	
Succinate de platine. *Succinas platini.*	
Succinate de plomb. *Succinas plumbi.*	
Succinate de potasse. *Succinas potassæ.*	
Succinate de soude. *Succinas sodæ.*	
Succinate de tungstène. *Succinas tunsteni.*	
Succinate de zinc. *Succinas zinci.*	
Sucre. *Saccharum.*	Sucre.
Sucre cristallisé. *Saccharum cristallisa-tum.*	Sucre candi.
Sucre de lait. *Saccharum lactis.*	Sucre de lait. Sel de lait.
Sulfate. *Sulfas, tis. f. m.*	Sel formé par la combi-naison de l'acide sulfurique avec différentes bases.

P

Noms nouveaux.	Noms anciens.
Sulfate d'alumine. *Sulfas aluminosus.*	Alun. *Vitriol d'argile.*
Sulfate ammoniacal. *Sulfas ammoniacalis.*	Sel ammoniacal vitrio- lique. Sel ammoniacal secret de Glauber. *Vitriol ammoniacal.*
Sulfate d'antimoine. *Sulfas stibii.*	Vitriol d'antimoine.
Sulfate d'argent. *Sulfas argenti.*	Vitriol d'argent. Vitriol de lune.
Sulfate d'arsenic. *Sulfas arsenicalis.*	Vitriol d'arsenic.
Sulfate de baryte. *Sulfas baryticus.*	Spath pesant. Vitriol barotique.
Sulfate de bismuth. *Sulfas bismuthi.*	Vitriol de bismuth.
Sulfate de chaux. *Sulfas calcareus.*	Vitriol de chaux. Vitriol calcaire. Sélénite. Gypse.
Sulfate de cobalt. *Sulfas cobalti.*	Vitriol de cobalt.
Sulfate de cuivre. *Sulfas cupri.*	Vitriol de Chypre. Vitriol bleu. Vitriol de cuivre ou de Vénus. Couperose bleue.

Noms nouveaux.		Noms anciens.
Sulfate d'étain. *Sulfas stanni.*	}	*Vitriol d'étain.*
Sulfate de fer. *Sulfas ferri.*	{	*Vitriol martial.* *Vitriol verd.* *Vitriol de fer.* *Couperose verte.*
Sulfate de magnésie. *Sulfas magnesiæ.*	{	*Vitriol magnésien.* *Sel cathartique amer.* *Sel d'epsom.* *Sel de canal.* *Sel de Seydschutz.* *Sel de Sedlitz.*
Sulfate de manganèse. *Sulfas magnesii.*	}	*Vitriol de manganèse.*
Sulfate de mercure. *Sulfas hydrargiri.*	}	*Vitriol de mercure.*
Sulfate de molybdène. *Sulfas molybdeni.*		
Sulfate de Nickel. *Sulfas Niccoli.*		
Sulfate d'or. *Sulfas auri.*		
Sulfate de platine. *Sulfas platini.*		
Sulfate de plomb. *Sulfas plumbi.*	}	*Vitriol de plomb.*

Noms nouveaux.	Noms anciens.
Sulfate de potasse. *Sulfas potassæ.*	Vitriol de potasse. Sel de Duobus. Tartre vitriolé. Arcanum duplicatum. Sel polychreste de Glaser.
Sulfate de soude. *Sulfas sodæ.*	Sel de Glauber. Vitriol de soude.
Sulfate de tungstène. *Sulfas tunsteni.*	
Sulfate de zinc. *Sulfas zinci.*	Vitriol de zinc. Vitriol blanc. Vitriol de Goslard. Couperose blanche.
Sulfite. *Sulfis, tis. f. m.*	Sel formé par la combinaison de l'acide sulfureux avec différentes bases.
Sulfite d'alumine. *Sulfis aluminosus.*	
Sulfite d'ammoniaque. *Sulfis ammoniacalis.*	
Sulfite d'antimoine. *Sulfis stibii.*	
Sulfite d'argent. *Sulfis argenti.*	
Sulfite d'arsenic. *Sulfis arsenicalis.*	
Sulfite de baryte. *Sulfis baryticus.*	

Noms nouveaux.	Noms anciens.

Sulfite de bismuth.
Sulfis bismuthi.

Sulfite de chaux.
Sulfis calcareus.

Sulfite de cobalt.
Sulfis cobalti.

Sulfite de cuivre.
Sulfis cupri.

Sulfite d'étain.
Sulfis stanni.

Sulfite de fer.
Sulfis ferri.

Sulfite de magnésie.
Sulfis magnesiæ.

Sulfite de manganèse.
Sulfis magnesii.

Sulfite de mercure.
Sulfis hydrargiri.

Sulfite de molybdène.
Sulfis molybdeni.

Sulfite de Nickel.
Sulfis Niccoli.

Sulfite d'or.
Sulfis auri.

Sulfite de platine.
Sulfis platini.

Sulfite de plomb.
Sulfis plumbi.

Noms nouveaux.	Noms anciens.
Sulfite de potasse. *Sulfis potassæ.*	} Sel sulfureux de Stahl.
Sulfite de soude. *Sulfis sodæ.*	
Sulfite de tungstène. *Sulfis tunsteni.*	
Sulfite de zinc. *Sulfis zinci.*	
Sulfures alkalins. *Sulfureta alkalina.*	{ Foies de soufre alkalins. Hépars alkalins.
Sulfure d'alumine. *Sulfuretum aluminæ.*	
Sulfure ammoniacal. *Sulfuretum ammoniacale.*	{ Liqueur fumante de Boyle. Foie de soufre alkalin volatil.
Sulfure d'antimoine. *Sulfuretum stibii.*	} Antimoine.
Sulfure d'antimoine natif. *Sulfuretum stibii nativum.*	} Mine d'antimoine.
Sulfure d'argent. *Sulfuretum argenti.*	} Blanckmal.
Sulfure de baryte. *Sulfuretum barytæ.*	} Foie de soufre barytique.
Sulfure de bismuth. *Sulfuretum bismuthi.*	

Noms nouveaux.	*Noms anciens.*
Sulfure calcaire. *Sulfuretum calcareum.*	Foie de soufre calcaire.
Sulfure de cobalt. *Sulfuretum cobalti.*	
Sulfure de cuivre. *Sulfuretum cupri.*	Pyrite de cuivre.
Sulfure d'étain. *Sulfuretum stanni.*	
Sulfure de fer. *Sulfuretum ferri.*	Pyrite martiale.
Sulfure d'huile fixe. *Sulfuretum olei fixi.*	Baume de soufre.
Sulfure d'huile volatile. *Sulfuretum olei volatilis.*	Baume de soufre.
Sulfure de magnésie. *Sulfuretum magnesiæ.*	Foie de soufre magnésien.
Sulfure de manganèse. *Sulfuretum magnesii.*	
Sulfure de mercure. *Sulfuretum hydrargiri.*	
Sulfures métalliques. *Sulfureta metallica.*	Combinaisons du soufre avec les métaux.
Sulfure de molybdène. *Sulfuretum molybdeni.*	
Sulfure de Nickel. *Sulfuretum Niccoli.*	
Sulfure d'or. *Sulfuretum auri.*	

Noms nouveaux.	Noms anciens.
Sulfure de platine. *Sulfuretum potassæ.*	
Sulfure de plomb. *Sulfuretum plumbi.*	
Sulfure de potasse. *Sulfuretum potassæ.*	*Foie de soufre à base d'al- kali végétal.*
Sulfure de potasse an- timonié. *Sulfuretum potassæ sti- biatum.*	*Foie-de soufre antimonié.*
Sulfure de soude. *Sulfuretum sodæ.*	*Foie de soufre à base d'al- kali fixe minéral.*
Sulfure de soude an- timonié. *Sulfuretum sodæ stibia- tum.*	*Foie de soufre antimonié.*
Sulfure de tungstène. *Sulfuretum tunsteni.*	
Sulfure de zinc. *Sulfuretum zinci.*	*Blende ou fausse galène.*
Sulfures terreux. *Sulfureta terrea.*	*Foies de soufre terreux. Hépars terreux.*

T.

Noms nouveaux.	Noms anciens.
TARTRE. *Tartarus.*	Tartre crud.
Tartrite. *Tartris, tis. f. m.*	Sel formé par la combinaison de l'acide tartareux avec différentes bafes.
Tartrite acidule de potaffe. *Tartris acidulus potaffæ.*	Tartre Crême de tartre. Criftaux de tartre
Tartrite d'alumine. *Tartris aluminofus.*	
Tartrite d'ammoniaque. *Tartris ammoniacalis.*	Tartre ammoniacal. Sel ammoniacal tartareux.
Tartrite d'antimoine. *Tartris ftibii.*	
Tartrite d'argent. *Tartris argenti.*	
Tartrite d'arfenic. *Tartris arfenicalis.*	
Tartrite de baryte. *Tartris baryticus.*	
Tartrite de bifmuth. *Tartris bifmuthi.*	
Tartrite de chaux. *Tartris calcareus.*	Tartre calcaire.

Noms nouveaux.	Noms anciens.
Tartrite de cobalt. *Tartris cobalti.*	
Tartrite de cuivre. *Tartris cupri.*	
Tartrite d'étain. *Tartris stanni.*	
Tartrite de fer. *Tartris ferri.*	
Tartrite de magnésie. *Tartris magnesiæ.*	
Tartrite de manganèse. *Tartris magnesii.*	
Tartrite de mercure. *Tartris hydrargiri.*	
Tartrite de molybdène. *Tartris molybdeni.*	
Tartrite de Nickel. *Tartris Niccoli.*	
Tartrite d'or. *Tartris auri.*	
Tartrite de platine. *Tartris platini.*	
Tartrite de plomb. *Tartris plumbi.*	*Tartre saturnin.*
Tartrite de potasse. *Tartris potassæ.*	*Tartre soluble.* *Tartre tartarisé.* *Tartre de potasse.* *Sel végétal.*

Noms nouveaux.	Noms anciens.
Tartrite de potasse antimonié. *Tartris potassæ stibiatus.*	*Tartre stibié.* *Tartre émétique.* *Tartre antimonié.* *Emétique.*
Tartrite de potasse ferrugineux. *Tartris potassæ ferrugineus.*	*Tartre chalibé.* *Tartre martial soluble.*
Tartrite de potasse, sur-composé d'antimoine. *Tartris potassæ stibiatus.*	*Tartre tartarisé, tenant antimoine.*
Tartrite de soude. *Tartris sodæ.*	*Tartre de soude.* *Sel polychreste de la Rochelle.* *Sel de Seignette.*
Tartrite de tungstène. *Tartris tunsteni.*	
Tartrite de zinc. *Tartris zinci.*	
Tunstate. *Tunstas, tis. f. m.*	Sel formé par la combinaison de l'acide tunstique, avec différentes bases. Ce genre de sel n'avoit point été nommé dans la Nomenclature ancienne.
Tunstate d'alumine. *Tunstas aluminosus.*	

Noms nouveaux.	Noms anciens.

Tunstate d'ammo-
niaque.
    Tunstas ammoniacalis.

Tunstate d'antimoine.
    Tunstas stibii.

Tunstate d'argent.
    Tunstas argenti.

Tunstate d'arsenic.
    Tunstas arsenicalis.

Tunstate de baryte.
    Tunstas baryticus.

Tunstate de bismuth.
    Tunstas bismuthi.

Tunstate de chaux.
    Tunstas calcareus.

Tunstate de cobalt.
    Tunstas cobalti.

Tunstate de cuivre.
    Tunstas cupri.

Tunstate d'étain.
    Tunstas stanni.

Tunstate de fer.
    Tunstas ferri.

Tunstate de magnésie.
    Tunstas magnesiæ.

Tunstate de manganèse.
    Tunstas magnesii.

Tunstate de mercure.
    Tunstas hydrargiri.

Noms nouveaux.	Noms anciens.
Tunstate de molyb-dène.	
Tunstas molybdeni.	
Tunstate de Nickel.	
Tunstas Niccoli.	
Tunstate d'or.	
Tunstas auri.	
Tunstate de platine.	
Tunstas platini.	
Tunstate de plomb.	
Tunstas plumbi.	
Tunstate de potasse.	
Tunstas potassæ.	
Tunstate de soude.	
Tunstas sodæ.	
Tunstate de tungstène.	
Tunstas tunsteni.	
Tunstate de zinc.	
Tunstas zinci.	

Z.

ZINC

RAPPORT

SUR LA NOUVELLE NOMENCLATURE.

EXTRAIT des Regiſtres de l'Académie Royale des Sciences.

Du 13 Juin 1787.

LE tableau de la nouvelle nomenclature de chimie , qui nous a été préſenté par MM. de Morveau, Lavoiſier, Bertholet & de Fourcroy, eſt diviſé en ſix colonnes.

PREMIÈRE COLONNE.

Subſtances non-décompoſées.

La première renferme les ſubſtances qui paroiſſent être les plus ſimples , ou ſe rapprocher davantage de l'état de ſimplicité ; telles ſont la lumière, la matière de la chaleur, ou le calorique, l'air vital ou l'oxigène , l'air inflammable ou l'hydrogène , l'air phlogiſtiqué ou l'azote.

Enſuite viennent les baſes acidifiables ou les radicaux acides ; c'eſt-à-dire ces ſubſtances, qui n'étant pas acides elles-mêmes , forment pourtant les différens acides , par leur simple combinaison avec l'oxigène , ou gaz déphlogistiqué débarraffé du calorique , ou matière de la chaleur. A la tête de cette claffe on a placé le foufre , qu'on y regarde comme un être simple , ou du moins comme un être non-décompofé & comme bafe de l'acide vitriolique. Suivent après les bafes moins connues des acides muriatique , boracique , fluorique , fuccinique , acétique ; en un mot , les bafes de tous les acides , tirés fucceffivement des trois règnes. Ces bafes font défignées dans le tableau , par l'expreffion générique de *radical :* ainfi radical fulfurique , muriatique , acétique , phofphorique , lactique , &c.

On diftingue dans cette claffe , celles de ces bafes qui font plus connues , d'avec celles qu'on n'a pu jufqu'ici décompofer , ou dont on n'a pas pu retenir les principes ; tels font l'azote , le carbone , le foufre & le phofphore.

Dans cette première colonne , font encore placés les demi-métaux & les métaux , comme fubftances fimples ; les cinq terres défignées fous les noms de *filice ,* d'*alumine ,* de *baryte ,* de *chaux* & de *magnéfie* ; enfin les trois alkalis , la *potaffe ,* la *foude* & l'*ammoniaque ,* ou alkali volatil.

Deuxième Colonne.

Les substances de la première colonne, mises à l'état de gaz par le calorique.

La lumière ou le calorique combiné avec l'oxigène, avec l'hydrogène, l'azote & l'ammoniaque, concourt à les mettre en état de gaz, & forme ainsi l'air vital, l'air inflammable, l'air phlogistiqué & le gaz alkalin. C'est cette combinaison qui est représentée dans la seconde colonne.

Troisième Colonne.

Les substances précédentes, unies à l'oxigène formant les acides.

Les différentes substances contenues dans la première colonne, combinées avéc l'oxigène, forment tous les acides, auxquels on a donné dans cet état un nom générique, dont la terminaison est toujours la même ; ainsi on dit acide vitriolique ou sulfurique, qu'on distingue de l'acide sulfureux, qui contient une moins grande quantité d'oxigène, & par conséquent une plus grande quantité de soufre ; l'acide nitrique, l'acide muriatique, l'acétique, l'oxalique, le sébacique, &c. Ensuite viennent les chaux métalliques, qu'on désigne par le nom générique d'oxides ; oxide d'arsenic ou chaux

d'arsenic

d'arfenic, oxide d'antimoine, de bifmuth, d'argent, d'or, &c. & c'eft à cet ordre, très-étendu, de combinaifons, qu'on a confacré la troifième colonne.

QUATRIÈME COLONNE.

Ces mêmes fubftances oxigénées & devenues gazeufes.

Dans la quatrième, font placées celles de ces mêmes fubftances ainfi oxigénées, c'eft-à-dire combinées avec l'oxigène ou bafe de l'air vital, devenues acides, & qui font paffées à l'état de gaz; elles font en petit nombre, eu égard à la quantité d'acides, qui remplit la troifième colonne : tels font le *gaz nitreux*, le *gaz muriatique*, le *gaz acide carbonique* ou l'*air fixe*, le *gaz fulfureux* & le *gaz fluorique*.

Nous ferons obferver que, lorfqu'un acide ou une chaux métallique prennent un excès d'oxigène, on a joint à l'expreffion qui les défigne, l'épithète d'*oxigéné*; ainfi on dit acide muriatique oxigéné, oxide d'arfenic, ou chaux d'arfenic; l'oxide d'arfenic oxigéné prendra le nom d'acide arfenique, & de même acide molybdique, acide tunftique.

Q

CINQUIEME COLONNE.

Les mêmes substances oxigénées avec leurs bases.

Dans la cinquième colonne on a rangé les combinaisons qui résultent de ces substances oxigénées, combinées avec diverses bases, soit alkalines, soit terreuses, soit métalliques, auxquelles on a donné des noms caractérisés par des terminaisons différentes, mais communes aux substances de même espèce. La terminaison en *ate* indique la combinaison parfaite & complète ; ainsi sulfate de potasse, de soude, de chaux, &c. désignent le tartre vitriolé, le vitriol de soude, la sélénite, &c. La terminaison en *ite* au contraire, marque ces mêmes combinaisons avec les acides dans un état moins oxigéné ; ainsi le nitrite de potasse sera la potasse saturée de gaz nitreux ; le sulfite de potasse, la potasse saturée de gaz vitriolique ; l'acétite de potasse sera la terre foliée ordinaire, & l'acétate, la combinaison de potasse avec le vinaigre radical. D'après cette regle, on a fait aussi arseniate de potasse, de soude, pour exprimer l'acide arsenical, saturé de ces deux bases.

SIXIÈME COLONNE.

*Les premières substances combinées dans leur
premier état de simplicité.*

Enfin la sixieme colonne représente les premières substances combinées dans leur premier
état de simplicité, sans être portées à l'état
d'acide ; ainsi le charbon combiné avec le fer,
ou la plombagine, se nomme carbure de fer ;
l'union du soufre avec les différentes substances métalliques, est désignée par le mot de
sulfure ; sulfure de fer, de plomb, d'argent,
d'antimoine, exprimeront la pyrite martiale, la
galène, la mine d'argent vitreuse, l'antimoine, &c.
les sulfures de potasse, de soude, exprimeront les
foyes de soufre alkalins ; le gaz hydrogène sul-
furé, le gaz hépatique, &c. Il en sera de même
du phosphore uni au fer, ce sera le phosphure
de fer ou la syderite, au cuivre, le phosphure
de cuivre, au plomb, le phosphure de plomb ;
enfin le gaz hydrogène phosphorisé, désigne le
gaz phosphorique.

On trouve à la fin un appendix, contenant
les nouvelles dénominations appropriées à diverses substances plus composées, & qui se
combinent sans décomposition ; telles sont en-

tr'autres, le muqueux pour le mucilage, le gluten pour la matière glutineuſe, l'huile fixe & volatile pour l'huile graſſe & l'huile eſſentielle, l'arome pour la partie aromatique, & l'alkool pour l'eſprit-de-vin.

Nous n'entreprendrons point de diſcuter le nombre infini d'objets qui forment l'enſemble du tableau de la Nomenclature méthodique : nous nous permettrons ſeulement quelques ré-flexions. Cette théorie nouvelle, ce tableau, ſont l'ouvrage de quatre hommes juſtement cé-lèbres dans les ſciences, & qui s'en occupent depuis long-temps ; ils ne l'ont formé qu'après avoir bien comparé ſans doute, les baſes de la théorie ancienne avec les baſes de la théorie nouvelle ; ils fondent celles - ci ſur des expé-riences belles, impoſantes ; mais quelle théorie dut jamais ſa naiſſance à des hommes doués de plus de génie, à un travail plus ſoutenu, plus opiniâtre ? Quelle autre réunit jamais les ſavans par un concert de plus belles expériences, par une maſſe de faits plus brillans, que la doc-trine du phlogiſtique ? Cet objet mérite donc la plus grande attention, il demande également le concours du temps, des expériences & des réflexions calmes & tranquilles des phyſiciens & des chimiſtes, pour être bien diſcuté, bien

apprécié, bien jugé ; & ce jugement n'est pas
l'affaire d'un jour, parce que ce n'est pas en
un jour qu'on renverfera les idées reçues dans
une fcience, qui marche déjà d'un pas fi rapide,
qui a déjà fait tant de progrès, qui s'eft liée
à la phyfique par des nœuds fi ferrés, & qui,
telle qu'elle eft, s'exprime depuis un demi-fiecle,
avec une merveilleufe clarté. Ce n'eft pas encore
en un jour qu'on réforme, qu'on anéantit
prefque une langue déjà entendue, déjà ré-
pandue, familière même dans toute l'Europe,
& qu'on lui en fubftitue une nouvelle d'après
des étimologies, ou étrangères à fon génie,
ou prifes fouvent dans une langue ancienne,
déjà prefqu'ignorée des favans, & dans laquelle
il ne peut y avoir ni trace, ni notion quelconque des chofes, ni des idées qu'on doit
leur faire fignifier.

La théorie ancienne qu'on attaque aujourd'hui,
eft incomplète fans doute ; mais celle qu'on
lui fubftitue n'a-t-elle pas fes embarras, fes difficultés ? Dans l'ancienne, nombre de phénomènes s'expliquent comme on peut, à l'aide
du phlogiftique ; c'eft avec le concours de l'eau,
de la terre, de l'air & du feu, fuivant les ordres
différens & abftraits de mixtion, de compofition, de furcompofition & d'aggrégation, que

se forment les acides , les alkalis , les substances
métalliques , &c. Dans la nouvelle , c'est l'oxigène réuni aux bases acidifiables , qui forme ces
mêmes acides ; mais qui nous dira ce que c'est
que l'oxigène ? ce que c'est que le radical acide ?
Dans l'ancienne , le soufre est l'acide vitriolique
supersaturé , neutralisé par le principe de l'in-
flammabilité : dans la nouvelle au contraire le
soufre est un être simple. Dans la première ,
lorsque le soufre brûle , c'est le phlogistique ,
la matière du feu , qui se dégage , & l'acide
vitriolique absorbe l'eau de l'atmosphère. Dans
la nouvelle au contraire , c'est l'air qui brûle ,
c'est l'air pur qui se décompose , son calorique
se met en liberté , & la base , l'oxigène , s'unit
au soufre , matière simple , pourtant absolument
passive , & soudain il en résulte un nouvel être
éminemment caustique , l'acide vitriolique. Dans
l'ancienne la causticité de l'acide est enchaînée
par le phlogistique qui le sature ; dans la nouvelle c'est l'oxigène , qui convertit en un acide
puissant le soufre , auquel il est combiné. Est-il
donc plus naturel , est-il moins contre l'ordre
des choses , contre l'analogie , de regarder le
soufre , le phosphore , comme des êtres simples ,
que l'air vital ? ou plutôt n'est-il pas plus vrai
qu'ils soient composés tous deux ? Et dans cette

circonstance-ci, lorsque le soufre & le phofphore brûlent, qu'il se dégage, nous ne disons
pas de la lumière, nous ne disons pas de la
chaleur, mais même du feu, quels sont les
élémens de la flamme que ces êtres simples
produisent ? l'oxigène & l'hydrogène s'y trouvent-
ils réunis ? d'où vient l'hydrogène ? & d'où
vient cette eau qui s'y montre après la combustion, si l'hydrogène n'y est pour rien ?

Dans l'ancienne théorie, l'acide sulfureux est
l'acide vitriolique dégagé d'une partie du phlogistique, qui le constituoit soufre & mis dans
un nouvel état de combinaison avec ce même
phlogistique & avec l'eau de l'atmosphère. Dans
la nouvelle théorie au contraire, l'acide sulfureux n'est que le soufre uni à une portion d'o-
xigène. Mais est-ce une combinaison d'acide
vitriolique & de soufre franche ? ou bien l'a-
cide vitriolique n'y est-il encore, s'il est permis
de le dire, que dans un état embrionné ? Dans
le premier cas, on peut demander ce que c'est
que le phlogistique qui rend concret, solide,
inodore & insipide, l'acide vitriolique dans le
soufre, tandis qu'en changeant de forme, en
perdant de sa quantité & avec le concours de
l'eau, il devient l'être le plus volatil, le plus
suffoquant, dans l'acide sulfureux ? Mais dans

Q iv

le second cas, qu'est-ce que c'est aussi que cet oxigène, base de l'air vital, qui s'unissant à un être simple, le soufre, forme l'acide vitrio- lique, tandis qu'une très-petite portion de ce même oxigène, uni à ce même soufre, en fait un être gazeux, un être si volatil, en un mot, encore l'acide sulfureux ?

S'il n'est pas aisé de renoncer ainsi à tous les principes de son éducation, il est plus dif- ficile encore, il nous semble, d'admettre brus- quement qu'une foule d'êtres, que toute ana- logie dans l'ordre physique semble indiquer, comme étant plus ou moins composés, doivent être regardés désormais comme des substances simples, sans compter le nombre qu'on sera forcé d'en simplifier tous les jours, comme si l'on touchoit encore à l'origine des choses & aux premiers instans de la création.

La théorie nouvelle, il ne faut pas le dissi- muler, a pourtant ses avantages sur l'ancienne. Elle suit de plus près la marche des principes des corps ; par exemple, ce principe vital, cet aliment de la vie & de la flamme, qui passe de l'air dans les acides, des acides dans les di- verses combinaisons, l'art le retire encore de ces derniers & le fait reparoître sous sa forme première d'air vital ; elle doit ces grands avan-

tage à la précifion, au calcul enfin, auxquels
la perfeftion de nos appareils ont foumis l'a-
nalyfe.

Quant à la théorie de la décompofition &
de la recompofition de l'eau, les expériences
qui la fondent, font brillantes & capitales;
fans doute; mais la conféquence qu'on en tire,
fe déduit abfolument du rapport du poids des
gaz avec le poids de l'eau qu'ils ont produite;
il nous paroît qu'on y a trop peu d'égards à
celui de la matière de la chaleur, parce que
fon poids ne peut pas s'apprécier. Cependant
cette quantité énorme de chaleur & de lumière, qui fe dégagent dans la combuftion des
deux airs, ne peut pas être comptée pour rien.
Pourquoi cette chaleur ainfi combinée dans deux
états très-différens dans l'air inflammable & dans
l'air vital, ne peut-elle pas être regardée comme
le diffolvant de l'eau, que leur combuftion a
produite ? Ce qu'on fait, ce qu'on apprend
chaque jour de la matière de la chaleur, les
états différens de glace, de fluidité, de vapeur
vifible, invifible, & d'expanfion aériforme,
où elle fait paffer fucceffivement & journellement l'eau, ne nous menent-ils pas par la
main, à admettre cette diffolution & fa pré-
cipitation ? Lorfque dans un grand orage d'été,

le ciel déjà obfcurci par un amas de nuages épais, fombres & entaffés, une décharge fubite du tonnerre rompt tout-à-coup cette combinaifon, lorfqu'en un clin d'œil cet immenfe nuage creve, fond & couvre la terre d'un déluge d'eau; eft-ce donc là une génération? N'eft-il pas auffi naturel de penfer que cette eau, diffoute d'abord & volatilifée par les chaleurs de l'été, mife ainfi dans un état d'expanfion dans l'atmofphère, à l'aide de cette même chaleur & des différens états dans lefquels cette matière fi active, fi fubtile, fi légère, fi avide de combinaifon peut entrer, fe trouve précipitée de ces combinaifons diverfes par la forte décharge électrique qui fe fait dans le nuage, & que nous voyons fubitement produire cet effet?

Nous n'irons pas plus loin, nous dirons feulement que lorfque nous nous fommes permis ces réflexions, nous n'avons pas plus prétendu combattre la théorie nouvelle que défendre l'ancienne. La fonction dont l'Académie nous a chargés, nous impofe la loi d'examiner fans paffion, de laiffer à part toute affection, toute opinion particulière, & de nous mettre en garde autant contre le preftige de la nouveauté, que contre les préjugés qui naiffent fi naturellement

d'un long fyftême d'études & d'une vieille habitude de voir les objets.

Nous penfons donc qu'il faut foumettre cette
théorie nouvelle, ainfi que fa nomenclature, à
l'épreuve du temps, au choc des expériences,
au balancement des opinions qui en eft la fuite ;
enfin au jugement du public, comme au feul
Tribunal d'où elles doivent & puiffent reffortir.
Alors ce ne fera plus une théorie, cela deviendra un enchaînement de vérités, ou une
erreur. Dans le premier cas, elle donnera une
bafe folide de plus aux connoiffances humaines ;
dans le fecond elle rentrera dans l'oubli avec
toutes les théories & les fyftêmes de phyfique
qui l'auront précédée. Et c'eft dans cette vue
que nous croyons que le tableau de Nomenclature nouvelle de Chimie, avec les Mémoires
qui y font joints, peuvent être imprimés &
rendus publics fous le privilège de l'Académie,
de manière pourtant qu'on ne puiffe pas en in-
férer qu'elle adopte ou qu'elle rejette la nouvelle théorie ; l'Académie doit par cette im-
partialité qui a toujours fait la bafe de fa con-
duite, attendre l'épreuve du temps & le jugement
des phyficiens. Alors ce fera à elle à donner
la fanction à ce que l'un & l'autre auront pro-
noncé ; à légitimer enfin dans cette nomencla-

ture, ce qu'il plaira à l'usage, à l'oreille & au génie de la langue d'en adopter.

Tunc nova factaque nuper habebunt verba fidem : si Græco fonte cadant parcè detorta.

Au Louvre le 13 Juin 1787. *Signé*, BAUMÉ, CADET, DARCET & SAGE.

Je certifie le présent Extrait conforme à son original & au jugement de l'Académie. A Paris, ce 23 Juin 1787.

Signé, le Marquis DE CONDORCET.

MÉMOIRE

Sur de nouveaux Caractères à employer en Chimie.

Par MM. HASSENFRATZ, Sous-Inspecteur des Mines, & ADET fils, Docteur-Régent de la Faculté de Médecine de Paris.

SI depuis les découvertes des chimistes modernes, l'ancienne nomenclature de la chimie nous préfentoit fouvent des erreurs au lieu de vérités ; fi elle fe trouvoit trop circonfcrite pour rendre les nouvelles idées que nous avions acquifes, fi en un mot elle exigeoit la réforme qu'y ont faite MM. de Morveau, Lavoifier, Bertholet, & de Fourcroy ; les caractères dont fe font fervis les chimiftes, n'étoient pas plus exempts de reproches que la nomenclature, & méritoient les corrections que nous prefcrivoit l'état actuel de nos connoiffances. Les Académiciens dont nous venons de parler

avoient senti dans leurs conférences, auxquelles ils nous avoient permis d'assister,
combien il seroit essentiel de corriger
les caractères ; ils ont bien voulu nous
abandonner ce travail, & nous éclairer
de leurs lumières. Ce n'est qu'après avoir
soumis à leur jugement ce que nous avons
fait sur les caractères que nous avons osé
présenter à l'Académie le résultat de
nos travaux.

En nous servant de caractères en
chimie, nous ne devons pas nous pro-
poser le même but que les anciens. Ceux-
ci cherchoient tous les moyens de déro-
ber leur connoissance aux yeux du vulgaire ; nous devons faire au contraire
tous nos efforts pour les répandre. Il doit
en être des caractères chimiques s'ils
deviennent uniformes chez tous les chimistes , comme de l'écriture de quelques
peuples, tels que les habitans de la Chine,
du Tongking & du Japon. Quoique dans
leur langage ils se servent de sons différens
pour rendre leurs idées, ils ont cependant

un signe commun pour les exprimer, de
manière que la diversité de leur langage
ne les empêche pas d'entendre ce qu'ils
écrivent, & de se communiquer par ce
moyen les nouvelles combinaisons d'idées
qui leur surviennent. Il doit en être comme
des caractères de l'algèbre, qui désignant
les opérations de l'esprit, nécessaires dans
cette science, facilitent aux géomètres de
tous les pays les moyens de s'entendre.

Cette considération suffit pour faire
voir combien il est nécessaire d'avoir en
chimie des caractères qui soient communs
à tous les chimistes. Nous n'entrerons pas
dans de plus longs détails pour le prouver,
& nous nous contenterons de chercher
de quelle manière doivent être faits les
caractères chimiques, pour pouvoir sub-
venir à tous les besoins de la science,
dans l'état où elle se trouve aujourd'hui.

On peut considérer la chimie comme
une science qui nous apprend quel est
dans un composé, le nombre, la nature,
le rapport des substances regardées comme

simples, & quelle est l'action réciproque qu'exercent les unes sur les autres les substances simples ou composées.

Il suit delà que les caractères chimiques devroient exprimer le nombre, la nature, le rapport de quantité des substances simples qui forment un mixte par leur réunion, & indiquer en même-temps de quelle manière ces diverses substances agissent les unes sur les autres; mais nous ne pouvons pas espérer de donner encore aux caractères chimiques ce dernier degré de perfection. Nous n'avons pas assez de lumière sur l'action réciproque des différens corps, pour peindre les effets de cette action des corps à l'aide de nos caractères; d'après cela nous sommes obligés de nous borner à la solution du problême suivant : *étant donné le nombre des substances simples connues, & en outre les rapports principaux qu'elles ont entr'elles, quelle sorte de caractères leur donnera-t-on, afin que combinés les uns avec les autres, ils puissent former des*

caractères

caractères composés qui indiquent le nombre & la nature des substances simples qui entreroient dans un mixte ? Et quel doit être l'arrangement des caractères simples qui forment le caractère composé, de manière que les chimistes puissent à l'inspection du caractère d'un mixte, déterminer le rapport de quantité des substances simples qui le constituent ?

Avant d'indiquer la manière dont nous avons résolu ce problême, nous croyons qu'il ne sera pas inutile de rappeller à l'Académie les signes dont se sont servis les anciens chimistes, afin de lui faire voir de quel usage ils pouvoient être.

Il paroît qu'on ignore dans quel temps les chimistes ont commencé à se servir de caractères. Les recherches que nous avons entreprises sur cet objet se sont réduites à nous faire connoître d'après quelles vues les anciens avoient ordonné les signes des substances métalliques, dans la persuasion où ils étoient que les corps célestes avoient une influence sensible sur

R

tous les corps animés & inanimés du globe terrestre ; ils avoient distingué les métaux, en métaux solaires ou colorés, en métaux lunaires ou blancs. Les métaux de ces deux classes se subdivisoient ensuite en métaux parfaits, demi-parfaits & imparfaits ; la perfection étoit exprimée par un cercle, *fig. 1* ; la demi-perfection, si nous pouvons nous servir de ce terme, par un demi-cercle, *fig. 2*, & l'imperfection par une croix ou par un dard, *fig. 3*. Ainsi l'or qui étoit le métal solaire par excellence, étoit représenté par un cercle seul, *fig. 4* ; cette figure étoit commune aux métaux de la même classe, tels que le cuivre, *fig. 5*, le fer, *fig. 6* & l'antimoine, *fig. 7* ; mais elle se trouvoit combinée avec le signe de l'imperfection. L'argent qu'ils regardoient comme un métal lunaire demi-parfait étoit indiqué par un demi-cercle, *fig. 2* ; l'étain, *fig. 8* & le plomb, *fig. 9*, avoient aussi le demi-cercle pour signe, comme appartenant à la même classe ; mais ils étoient dif-

tingués de l'argent, par la croix ou par
le dard. Enfin le mercure qui étoit un
métal imparfait, tout-à-la-fois folaire &
lunaire, portoit les marques diftinctives
de ces deux claffes, & étoit défigné par
un cercle furmonté d'un demi - cercle
auxquels on ajoutoit une croix, *fig. 10.* Cet
ordre que les anciens chimiftes avoient mis
dans leurs caractères, & qu'on remarque
avec plaifir, quoiqu'il foit dérivé d'idées
purement chimiques, fut bientôt oublié.
A mefure que les chimiftes découvrirent de
nouvelles fubftances, ils leur affignèrent
de nouveaux caractères, & ne conful-
tèrent que leurs caprices, ou que des
loix qu'ils émanoient de leur hypothèfe
favorite. Mais en introduifant de nouveaux caractères, déterminés d'après des
vues différentes de celles des anciens chimiftes, ils laiffèrent fubfifter ceux dont
ces derniers avoient fait ufage, de manière qu'il regna dans les caractères chimiques une confufion & une incohérence
dont on peut avoir l'idée en voyant les

R ij

tables de caractères qu'on a employés depuis Geoffroy jufqu'à Bergman qui s'en font fervis pour leurs tables d'affinités. Ce feroit fatiguer l'Académie de détails fuperflus que de lui préfenter les inconféquences qu'on remarque dans les différentes tables de caractères ; auffi nous nous bornerons à faire voir celles qui font répandues dans les tables de fignes chimiques, les plus nouvelles, c'eft-à-dire dans celles de Bergman. Ce favant chimifte a employé, comme caractères généraux, un triangle, un cercle, une efpèce de couronne & une croix. La figure triangulaire modifiée de différentes manières, eft le figne des quatre élémens & des fubftances inflammables, telles que le phofphore & le foufre ; l'efpèce de couronne défigne les fubftances métalliques ; le cercle appartient aux fels, & avec quelques modifications, fert auffi de caractères aux alkalis ; la croix enfin n'a d'autre objet que de défigner les fubftances qui font acides, *fig. II.*

Nous ne nous permettrons aucune réflexion sur ces signes généraux, & nous passerons rapidement à l'examen des caractères que Bergman a employés pour désigner les différentes substances, dont les caractères que nous venons d'énoncer indiquent les classes. On croiroit d'après ce que nous avons dit, que le caractère de la terre, en général, qui est un triangle renversé, traversé d'une ligne horisontale, doit servir, avec quelques modifications, à toutes les terres. Bergman, néanmoins, n'a employé la figure triangulaire, que pour représenter la terre siliceuse & la terre argilleuse; la chaux, *fig. 12*, la magnésie, *fig. 13*, & la terre pesante, *fig. 14*, qui ont cependant toutes les propriétés des terres dans un degré éminent, sont représentées chacune par un signe, qui n'a aucune analogie avec celui qu'il avoit affecté à la terre en général. La croix qui dans son système caractérise spécialement les acides, se trouve combinée avec les signes d'une infinité de substances

qui font bien éloignées d'avoir les propriétés acides, tels que la chaux, *fig.* 12,
le cuivre, *fig.* 5, l'étain, *fig.* 8, le
plomb, *fig.* 9, le foufre, *fig.* 15, l'antimoine, *fig.* 7, la gomme, *fig.* 16, le mercure, *fig.* 10. Bergman n'a point fait ufage,
en outre pour défigner les fubftances métalliques, du caractère qu'il avoit employé
pour les repréfenter en général. Il leur
a donné pour fignes caractériftiques, des
croix, des cercles & des demi-cercles ;
mais le cercle étoit réfervé à la claffe
des fels. Avoit-il l'intention de rapprocher les métaux des fubftances falines ?
Ce feroit faire injure à la mémoire du
favant profeffeur d'Upfal, que de fuppofer qu'il ait pu avoir une idée auffi
bizarre. On feroit tenté de croire en
pourfuivant l'examen de fon tableau, qu'il
exifte une analogie entre la chaux & les
oxides ; en effet lorfqu'il a voulu repréfenter un métal à l'état d'oxide, il a
toujours joint à fon caractère celui de la
chaux.

Il eſt aiſé de voir d'après ce court examen des caractères modernes, qu'il y avoit
entr'eux trop d'incohérence & de con-
fuſion, pour que nous puiſſions nous en
ſervir ; auſſi avons-nous pris le parti d'en
former de nouveaux.

Les corps dont l'examen eſt l'objet de
la chimie, peuvent être diviſés en deux
grandes claſſes, en ſimples & en compoſés : on entend par le mot de corps
ſimples, ceux ſur qui l'analyſe n'a pu
encore avoir de priſe ; les corps compoſés au contraire ſont ceux dont l'art
peut unir ou déſunir les principes conſ-
tituans. D'après cela on voit qu'il doit
exiſter deux grandes claſſes de caractères,
les uns deſtinés à repréſenter les corps
ſimples, les autres les corps compoſés ;
mais comme ce ſont les corps ſimples,
qui forment les corps compoſés par leur
diverſes combinaiſons, ces corps exigeoient des caractères qui fuſſent ſimples,
& à l'aide deſquels on pût rendre les
caractères des corps compoſés. Nous eſ-

R iv

pérons réunir ce double avantage dans les caractères que nous avons l'honneur de préfenter à l'Académie.

Les travaux des chimiftes modernes nous ont appris que la claffe des 54 fubftances fimples connues jufqu'à préfent pouvoit fe divifer en fix genres ; 1°. en fubftances qui paroiffent entrer dans la compofition du plus grand nombre des corps ; 2°. en fubftances alkalines & terreufes ; 3°. en fubftances inflammables ; 4°. en fubftances métalliques , qui par leurs propriétés fe rapprochent du genre précédent ; 5°. en fubftances acidifiables, qu'on a tout lieu de foupçonner formées de plufieurs principes , & dont la décompofition peut déjà fe prévoir; telles font , par exemple , les bafes des acides végétaux ; 6°. enfin en fubftances compofées , dont on ne connoît pas encore les compofans. Chacun de ces genres fe divife enfuite en un nombre d'efpèces plus ou moins confidérable.

Cette divifion des corps fimples exigeoit que chaque genre eût un signe qui lui fût propre, & qui pût avec quelques modifications, être employé à défigner les efpèces de ce genre ; auffi nous ne nous fommes point écartés de ce plan.

Nous avons affecté au premier genre des corps fimples, une ligne droite, au deuxième un triangle, au troifième un demi-cercle, au quatrième un cercle, au cinquième un quarré, & au fixième enfin un quarré la pointe en haut. Une fois ces fignes déterminés, il ne s'agiffoit plus que de les varier, de manière qu'appliqués à chaque efpèce ils puffent aifément la diftinguer des autres. C'eft ce que nous avons fait de la manière fuivante.

La ligne droite qui eft le caractère du premier genre, peut avoir quatre pofitions bien diftinctes ; elle peut être verticale, horifontale, inclinée de droite à gauche, ou de gauche à droite. Mais en ondant la ligne droite, & plaçant cette ligne dans les mêmes pofitions où peut fe trouver la ligne droite, on obtient à l'aide de cette ligne seulement huit caractères parfaitement distincts, *fig. 17*, les uns des autres : or comme nous n'avons que quatre espèces du premier genre de connues ; savoir la lumière, le calorique, l'oxigène & l'azote, il reste quatre signes que les chimistes pourroient employer, s'il arrivoit qu'ils découvrissent quelques nouvelles espèces de corps du premier genre des substances simples.

Le demi-cercle qui sert à désigner les substances inflammables, a de même que la ligne droite, quatre positions absolument différentes. Il peut être ouvert en haut ou en bas, & à droite ou à gauche, *fig. 18* ; ces quatre positions du demi-cercle, nous ont fourni des caractères pour les quatre espèces de corps du second genre ; mais comme on peut doubler ce demi-cercle, & former par ce moyen un caractère assez simple, le placer dans des positions semblables à celles du demi-cercle, *fig. 19*, il s'ensuit qu'il reste encore quatre caractères, dont on pourra faire ufage, s'il fe préfente des corps du genre des fubftances inflammables.

Le triangle que nous avons employé pour fervir de figne caractériftique aux fubftances alkalines & terreufes, ne nous préfentoit que deux pofitions différentes; il ne peut avoir fa pointe qu'en haut ou en bas ; il falloit donc trouver un moyen de former des caractères pour toutes les fubftances terreufes à l'aide de ces deux pofitions de triangle : c'eft ce que nous avons fait en affectant le triangle dont la pointe eft en haut, aux alkalis, & le triangle renverfé, aux terres, & en infcrivant dans ce triangle, qui doit indiquer chaque efpèce d'alkali ou de terre, la première lettre du nom latin de cette fubftance. Ainfi, par exemple, la potaffe eft repréfentée par un triangle dont la pointe eft en haut, au milieu duquel fe trouve un P ; ainfi la chaux eft défignée par un triangle renverfé, qui renferme un C entre fes côtés.

La figure circulaire que nous avons prise pour distinguer les substances métalliques, ou le quatrième genre, présentoit pour ses modifications les mêmes difficultés que le triangle. Nous les avons vaincues de la même manière, en insérant dans chacun des cercles destinés à désigner chacune des espèces de ce genre, la lettre initiale du nom latin de ces substances métalliques, ayant soin cependant de représenter l'or par un cercle au milieu duquel se trouve un point, afin de conserver l'ancien caractère ; nous nous sommes servis de la lettre initiale latine, parce que les noms latins sont connus de tous les savans.

Nous avons modifié de la même manière le quarré que nous avons adopté pour le cinquième genre, ou celui qui renferme les substances acidifiables, qu'on soupçonne formées de plusieurs principes, & dont la décomposition peut déjà se prévoir ; chaque quarré porte entre ses côtés la première lettre du nom latin de la substance qu'il doit désigner. Il en est de même du quaré la pointe en haut, employé pour désigner les mixtes non-décomposés. Avant de distinguer nos triangles par des lettres, nous nous étions servis de lignes & de points. Les lignes ayant déjà une signification déterminée, les caractères où il s'en trouvoit avoient l'air de composés; les points étoient une distinction trop minutieuse, & difficile à retenir; ces deux inconvéniens nous ont fait adopter les lettres, d'autant plus que se servant de lettres, on n'éprouve aucun embarras. Il s'est trouvé dans l'exécution de notre projet à l'aide des lettres, un léger obstacle que nous avons surmonté aisément; il arrive souvent que deux subs-tances d'un même genre se trouvent avoir la même lettre initiale. On les dis-tingue aisément l'une de l'autre, en ins-crivant dans la figure qui doit servir à dé-signer une substance, la lettre initiale du nom de cette substance, & dans l'autre figure, la lettre initiale du nom de la seconde fubftance unie à la confonne, qui établit le plus de différence entre les deux noms. Ainfi, par exemple, l'argent qui commence par un A, comme l'arfenic, eft repréfenté par un cercle, au milieu duquel eft un A, tandis que le figne de l'arfenic eft un cercle qui renferme un A & une S liés enfemble.

Nous terminerons ce premier Mémoire par le tableau des caractères des fubftances fimples que nous avons l'honneur de préfenter à l'Académie. Nous nous propofons de déterminer dans un fecond la manière dont on peut parvenir à la folution du problême que nous avons énoncé dans ce Mémoire.

II.e MÉMOIRE

Sur de nouveaux Caractères à employer en Chimie, & l'arrangement que doivent avoir ces nouveaux Caractères, afin de leur faire exprimer le rapport de quantité des substances simples contenues dans les mixtes.

Par MM. Hassenfratz, Sous-Inspecteur des Mines, & Adet, Docteur-Régent de la Faculté de Médecine, à Paris.

Nous avons déterminé dans notre premier Mémoire les caractères des substances simples, il ne s'agit plus que d'indiquer les loix d'après lesquelles on doit former les caractères des mixtes, pour parvenir à la solution complette du problême que nous nous étions proposé.

Les composés résultans de la combinaison des substances simples, leurs caractères, comme nous l'avons déjà dit, doivent aussi résulter de la réunion des lignes de ces mêmes substances simples. Ainsi la première loi qu'il faudra suivre, pour former les caractères des mixtes, est de lier ensemble les caractères des substances simples, deux à deux pour représenter des composés de deux substances, trois à trois pour représenter un mixte que produit la réunion de trois substances simples, quatre à quatre pour exprimer les substances qui résultent de la combinaison de quatre substances simples; d'où l'on voit que les caractères des mixtes feront d'autant plus composés, qu'il y aura plus de principes qui concourront à les former.

On n'auroit point pour la formation des caractères composés d'autres loix à suivre que celles que nous venons d'indiquer, si le rapport de quantité étoit toujours le même entre les principes d'un mixte, & si par conséquent ce mixte se présentoit constamment dans le même état & avec les mêmes propriétés ; mais nous savons que quoique deux substances puissent

avoir

avoir un point de faturation réciproque, il exifte cependant pour elles des combinaifons en diverfes proportions, où elles forment des compofés fenfiblement différents de celui qui réfulte de leur réunion après leur faturation réciproque. Ainfi une maffe confidérable de foufre, par exemple, vaporifée dans une petite quantité de gaz oxigène, produit un oxide de foufre, ou une combinaifon de foufre & d'oxigène, qui n'a aucun caractère des acides (1). Si à cette combinaifon on ajoute une nouvelle quantité d'oxigène, on a un compofé acide qui n'eft autre chofe que de l'acide fulfureux ; & ce même acide fulfureux fe change bientôt en acide fulfurique, fi on lui fournit tout l'oxigène qui lui eft néceffaire pour paffer à ce dernier état. On voit donc delà que le foufre & l'oxigène unis enfemble, ont des manières d'être bien différentes fuivant leurs diverfes proportions de combinaifons. D'ou il fuit

---

(1) *Voyez* Ludbok, *Differtatio de Principio forbili*, pag. 43.

S

qu'à l'aide des deux caractères qui, liés ensemble repréfentent la combinaifon de l'oxigène & du foufre, il faut exprimer les trois états dans lefquels cette combinaifon peut fe trouver.

On y parvient en faifant varier les pofitions refpectives des fignes de l'oxigène & du foufre.

Deux caractères liés enfemble (il eft néceffaire que les caractères des compofés le foient, pour qu'on ne confonde pas les caractères de deux compofés qui feroient voifins), deux caractères liés enfemble peuvent avoir huit pofitions différentes : favoir deux horifontales, deux verticales, deux obliques à droite, & deux obliques à gauche. Ainfi ces deux caractères, *fig.* 20, peuvent être combinés comme on le voit *fig.* 21. Mais les pofitions obliques ne préfentent point de diftinctions affez frappantes, & pourroient fouvent occafionner quelque confufion dans une fuite de caractères, s'ils n'étoient pas bien faits. Nous avons donc rejetté ces quatre pofitions

obliques ; il ne nous reſtoit plus que quatre
poſitions dont nous puſſions faire uſage :
ſavoir deux horizontales & deux verticales ; mais dans les compoſés de deux ſubſtances , peu importe qu'une des deux ſubſtances ſoit placée à droite ou à gauche (1).
Ainſi les deux poſitions horiſontales ſe ré-
duiſent donc à une ſeule ; d'où il ſuit
que les deux caractères dont il eſt queſtion n'auront que trois poſitions ; ſavoir
une horiſontale & deux verticales ; ſa
poſition des deux caractères ſur une même
ligne horiſontale indiquera que la ſatu-

____

(1) Il n'en ſeroit pas de même dans les compoſés de pluſieurs corps , car ſi les affinités des corps les uns pour les
autres , étoient bien déterminées , on pourroit repréſenter
dans un compoſé où il y auroit pluſieurs principes , le
dégré de tendance qu'auroit un de ſes principes pour les
autres , en avançant les caractères de ceux-ci d'autant
plus ſur ſa gauche , qu'ils auroient moins d'affinité pour
le principe mentionné. Si , par exemple , on avoit une
combinaiſon d'acide ſulfurique , de potaſſe & de fer , telle
qu'il exiſtât une ſaturation réciproque entre ces corps,
on pourroit indiquer que l'acide ſulfurique a plus d'attraction pour la potaſſe que pour le fer , en écrivant la combinaiſon dont il eſt queſtion , comme il eſt repréſenté ,
fig. 22.

ration est réciproque, qu'il y a égalité de proportions entre les principes du mixte qu'ils représentent ; ses positions verticales au contraire exprimeront qu'il n'existe point de saturation réciproque ou d'égalité de proportions entre les composans du mixte, de manière que le caractère qui sera inférieur nous fera connoître que la substance qu'il désigne est en excès sur l'autre. Eclaircissons ceci par un exemple.

Supposons que nous ayons une combinaison de soufre & de potasse ou alkali végétal ; il peut arriver que dans un cas, le soufre & la potasse soient réciproquement saturés, & que dans un autre cas, un des deux principes de l'hépar ou du sulfure de potasse se trouve en excès sur l'autre, il est aisé d'après nos loix de déterminer ces trois états. En effet le signe de la potasse étant *fig.* 23, celui du soufre *fig.* 24 ; on exprimera la combinaison du soufre & de la potasse où il y a saturation réciproque *fig.* 25 ; la combinaison de soufre & de potasse où le foufre eft en excès, fera indiquée par la *fig. 26*, & enfin la combinaifon de foufre & de potaffe, où cette dernière fubftance prédomine, aura le caractère repréfenté *fig. 27*.

Cette loi fera la même pour tous les mixtes, quelle que foit leur nature. Nous ferons cependant obligés d'y déroger dans les deux cas que nous allons expofer.

La chaleur fuivant fon degré d'intenfité fait varier l'état des corps : on fait qu'en raifon de la quantité de calorique, avec laquelle les corps font combinés, ils font ou folides, ou liquides, ou aériformes. On peut donc confidérer la combinaifon du calorique avec les différens corps dans trois états bien diftincts ; mais comme tous les corps de la nature font toujours unis avec une portion quelconque de calorique, nous fommes convenus pour ne pas trop répéter le figne qui indique le calorique, de l'exclure toutes les fois que nous voudrons indiquer un corps à l'état folide, & de ne l'employer que pour déſigner la liquidité ou la fluidité élaſtique, ayant ſoin, d'après la loi que nous avons poſée plus haut, de mettre le ſigne du calorique au-deſſus du ſigne des corps, quand nous voudrons repréſenter l'état de liquidité, & au-deſſous quand nous voudrons indiquer la fluidité élaſtique. Ainſi, par exemple, le ſigne du plomb étant *fig.* 28, & celui du calorique *fig.* 29, le plomb à l'état ſolide ſera *fig.* 28, à l'état liquide *fig.* 30, & à l'état de fluide élaſtique *fig.* 31, le calorique ſera donc exception à la loi générale, & n'aura dans ſes combinaiſons que deux poſitions au lieu de trois. *Voyez* le deuxième Tableau.

L'oxigène dans ſon union avec les ſubſtances acidifiables, peut former la ſeconde exception à la loi générale. En effet, l'oxigène uni aux diverſes ſubſtances acidifiables en différentes proportions, donne naiſſance à des compoſés dont les propriétés ſont trop marquées pour qu'on puiſſe les confondre. On le voit produire

1°. des oxides , 2°. des acides où la base acidifiable prédomine , 3°. des acides où il y a faturation réciproque ; 4°. enfin s'il fe combine de nouveau avec un acide dont les deux principes font réciproquement faturés ; il produit un compofé qui ne paroît plus jouir des propriétés caractériftiques des acides , mais alors les liens qui le retiennent dans cette nouvelle combinaifon font fi foibles que l'action de quelques rayons de lumière fuffit pour le mettre en liberté & lui rendre la forme élaftique. Ce dernier produit des combinaifons de l'oxigène , n'eft bien connu que dans l'acide muriatique oxigéné , tandis que l'oxide de foufre , l'acide fulfureux & l'acide fulfurique nous préfentent des exemples des autres compofés dont nous venons de parler. L'oxigène , néanmoins dans fes combinaifons avec l'azote paroît offrir les quatre compofés dont il vient d'être queftion. Le gaz nitreux , ou l'*oxide d'azote* eft la combinaifon de l'oxigène & de l'azote où les propriétés acides ne font

S iv

point encore développées. L'acide nitreux qui laisse dégager du gaz nitreux, est la combinaison de l'oxigène & du gaz azotique, où la base acidifiable est en surabondance. L'acide nitrique qui est blanc, & qui ne laisse point dégager de gaz nitreux, quand on l'unit avec l'eau, est la combinaison d'azote & d'oxigène, où il y a saturation réciproque ; & l'espèce d'acide nitrique, que M. Monge nous a dit avoir obtenu paroît être l'acide nitrique oxigéné. Or, puisque l'oxigène uni à une substance acidifiable, peut former dans quelques cas quatre composés bien distincts, le caractère de l'oxigène doit donc avoir quatre positions différentes; nous lui avons donné ces quatre positions en plaçant au haut du signe de la base acidifiable, le caractère de l'oxigène, pour indiquer la combinaison qui n'est point acide ; au milieu du caractère de la base acidifiable, pour exprimer la combinaison où la base acidifiable prédomine ; au bas du caractère de la base acidifiable, pour indiquer

la combinaison où il y a faturation réciproque entre les deux principes , & enfin
en le plaçant au bas du caractère de la
bafe acidifiable , & en le détachant un
peu, pour faire voir que l'oxigène eft en
furabondance dans le compofé dont il eft
queftion , & qu'il faut peu de forces pour
l'en dégager. Ainfi , fi on vouloit défigner
les combinaifons de l'oxigène & de l'a-
zote , le caractère de l'azote étant *fig. 32*,
celui de l'oxigène *fig. 33* , la bafe du
gaz nitreux fera *fig. 34* , celle de l'acide
nitreux *fig. 35* , celle de l'acide nitrique
fig. 36, & celle de l'acide nitrique oxigéné *fig. 37.*

Il eft probable que plufieurs des acides
végétaux que l'on n'a pu encore décompofer d'une manière affez exacte pour connoître les rapports de leurs principes, ont
une même bafe , & doivent leurs propriétés acides à l'oxigène (1) ; mais comme

(1) Cette théorie qui n'a encore été développée dans
aucun Ouvrage , fe trouve appuyée par des expériences
qui nous font particulières , & dont nous efpérons rendre
compte inceffamment.

il paroît que la différence que préſentent
ces acides , dépend des différentes
proportions qui exiſtent entre les com-
poſants de la baſe acidifiable & l'oxigène,
& que les proportions de l'oxigène & des
principes de la baſe acidifiable varieront
dans chacun de ces acides ; il ſuit de là
qu'il faut pour indiquer ces diverſes eſpèces
d'acides , trouver des moyens différents
de ceux que nous avons déjà mis en
uſage , puiſqu'ils ne pourroient dans ce
cas ci ſervir à nos beſoins. Or , comme
ces acides paroiſſent avoir pour principes
du carbone , de l'hydrogène & de l'o-
xigène , on pourra les repréſenter aiſément
en uniſſant enſemble les ſignes de ces trois
ſubſtances de la manière qui ſera indiquée
par leur rapport de quantité , & écrivant
au-deſſus du ſigne de l'oxigène, la lettre
initiale du nom latin de l'acide. Soient ,
par exemple , l'acide tartareux & l'acide
oxalique dont il faille donner les ſignes.
Suppoſons que dans le premier il y ait
dix parties de carbone , cinq d'hydrogène

& dix d'oxigène, & que dans le fecond
il y ait neuf parties de carbone, fix d'hydrogène, & dix d'oxigène, il fuivroit d'après
nos principes que ces deux acides doivent
être écrits de même, puifque dans les
deux cas, le carbone fe trouve en excès
fur l'hydrogène, de manière que l'acide
tartareux feroit *fig. 38*, & l'acide oxalique
fig. 39. On ne pourroit donc pas indiquer
que l'hydrogène d'après notre fuppofition
fe trouve en plus grande quantité, dans
l'acide oxalique que dans l'acide tartareux, & que par conféquent on doit
avoir deux acides différens; mais il eft
aifé de prévenir l'équivoque en écrivant,
d'après ce que nous venons de dire,
l'acide tartareux de la manière qu'il eft
repréfenté *fig. 40*, & l'acide oxalique
fig. 41. Cet exemple fuffit pour faire voir
que fi on a un jour un grand nombre d'a-
cides dont les bafes foient compofées de
même, on pourra par ce moyen exprimer
les différentes efpèces d'acides qui pourront
réfulter des combinaifons de ces principes,

dans des propofitions trop petites pour qu'il foit facile de les repréfenter d'après les loix générales que nous avons pofées.

Le tableau des matières fimples nous offre fix caractères généraux. A l'aide des cinq premiers, nous avons fait cinquante-quatre caractères particuliers ; nous ne parlerons pas de ceux de la fixième efpèce parce que les fubftances qu'ils repréfentent font déjà trop compofées. Ces cinquante-quatre caractères combinés deux à deux doivent former $\frac{54 \times 53}{2} = 1431$ combinaifons ; ce nombre multiplié par trois, car nous pouvons exprimer trois états de combinaifons, donne 4293 combinaifons deux à deux, fans y comprendre les combinaifons de l'oxigène qui peut fe trouver fous quatre états.

Si d'après nos loix, deux caractères peuvent avoir trois pofitions, trois caractères liés enfemble font fufceptibles de treize combinaifons bien diftinctes, *fig.* 42. En effet, on peut avoir une combinaifon de trois caractères fur une ligne

horifontale, trois combinaifons de deux
caractères unis placés au-deffus du 3e;
& enfin fix combinaifons de trois caractères fur une ligne verticale. Ainfi nos
cinquante-quatre caractères combinés trois
à trois produifent $\dfrac{54 \times 53 \times 52}{2 \times 3} = 24{,}804$
combinaifons; le nombre multiplié par
treize qui exprime le nombre de pofitions
que peuvent prendre ces trois caractères,
donne 322,452 combinaifons différentes
que peuvent donner les cinquante-quatre
caractères combinés trois à trois.

Nous ne poufferons pas plus loin ce
calcul, que tout le monde peut faire;
c'eft affez d'avoir prouvé que le fyftême
de nos caractères fuffit à toutes les combinaifons connues, & à celles que nous
pouvons efpérer de découvrir par l'analyfe.

Nous terminerons ce Mémoire en faifant un court réfumé de notre travail.

Nous avons employé fix caractères
généraux pour les fix claffes des corps

simples, ou non-décomposés ; la ligne droite sert à désigner la première classe, ou les substances qui paroissent entrer dans la composition du plus grand nombre des corps ; le triangle, les terres & les al-kalis ; le demi-cercle, les substances in-flammables ; le cercle, les substances mé-talliques ; le quarré enfin les radicaux acides qui nous sont encore inconnus & dont on espère découvrir la nature ; & le quarré la pointe en haut, les subs-tances composées non acidifiables & dont on ne connoît point encore les compo-sans.

En combinant ces caractères deux à deux & trois à trois, nous avons trouvé le moyen d'indiquer d'une manière cons-tante & uniforme, tous les composés que nous connoissons, & de donner d'a-près nos loix générales la facilité de faire les signes des mixtes que l'art nous mettra un jour à portée de connoître.

Enfin, par la position respective des caractères d'un mixte, nous sommes parvenus à faire connoître les rapports de quantité des substances qui concourent à sa formation. Telle est la marche que nous avons suivie , pour résoudre le problême qui se présentoit naturellement dans la formation des caractères chimiques. *Etant donné la somme des substances simples , & en outre les rapports qu'elles ont entr'elles , quelle sorte de caractères leur assignera-t-on afin que combinés les uns avec les autres , ils puissent former des caractères composés qui indiquent le nombre & la nature des substances simples qui entreroient dans un mixte , & quel doit être l'arrangement des caractères simples qui forment le caractère composé , de manière que les chimistes puissent à l'inspection du caractère d'un mixte , déterminer le rapport de quantité des substances simples qui constituent ce mixte.* Nous serons trop heureux si l'Académie juge que nos efforts n'ont pas été tout-à-fait infructueux.

❧◦◦❧

RAPPORT

Sur les nouveaux Caractères chimiques.

EXTRAIT des Regiſtres de l'Académie Royale des Sciences.

Du 27 Juin 1787.

L'ACADÉMIE nous a chargés, M. Bertholet, M. de Fourcroy & moi, de lui rendre compte de deux mémoires qui ont été lus dans ſes ſéances par MM. Haſſenfratz & Adet, ſur un nouveau ſyſtême de caractères chimiques. Le plan qu'ils ſe ſont formé & qui nous a paru très-ingénieux, conſiſte à exprimer par des lignes droites, toutes les ſubſtances qu'on peut, dans l'état actuel de nos connoiſſances, regarder comme élémentaires ; à exprimer par des demi-cercles les ſubſtances combuſtibles acidifiables, telles que le ſoufre, le charbon & le phoſphore ; par des quarrés les ſubſtances plus compoſées qui combinées avec l'oxigène forment des acides ; par des triangles, les alkalis & les terres ; par des lozanges, les ſubſtances compoſées, dont l'analyſe n'eſt point connue & qui ne ſont point acidifiables ; enfin par des

cercles

cercles les fubftances métalliques. Toutes les fubftances premières, ainfi claffées & diftinguées par des caractères d'une forme très-différente, & qui ne peuvent fe confondre; il ne s'agiffoit plus que de diftinguer les efpèces, & ils y font parvenus; pour les fubftances élémentaires, en faifant varier la pofition de la ligne droite; pour les fubftances combuftibles fimples, telles que le charbon, le foufre, le phofphore, par les différentes pofitions du demi-cercle, en l'ouvrant en haut ou en bas, à droite ou à gauche; enfin pour les terres, les alkalis, les métaux & les principes acidifiables, en mettant dans l'intérieur du caractère la première lettre du nom latin de chaque fubftance.

Le nombre des caractères primitifs que MM. Haffenfratz & Adet ont été obligés d'employer, eft de cinquante-cinq, & ce nombre répond exactement à celui des fubftances préfentées, non pas comme fimples, mais comme premières relativement à l'état actuel de nos connoiffances. Dans le tableau de la nouvelle nomenclature, toutes ces fubftances fe combinent dans la nature deux à deux, trois à trois, quatre à quatre, &c. Elles fe combinent dans des proportions qui varient, & c'eft de ces différentes combinaifons que réfulte tout l'enfemble des trois

T

règnes ; même les corps vivans & animés. C'est de même par la réunion des signes caractéris- tiques des substances simples que MM. Hassen- fratz & Adet composent les signes caracté- ristiques des substances composées ; en sorte que la réunion de leurs caractères représente fort exactement l'ordre des combinaisons connues.

Si MM. Hassenfratz & Adet n'ont pas pu indiquer avec précision dans le plan qu'ils se sont formé, la proportion des substances qui entrent dans les combinaisons, ils sont parvenus au moins à en donner une notion assez exacte, par la disposition de leurs caractères. Deux substances sont-elles combinées dans une pro- portion égale ou à-peu-près égale ? les deux caractères qui les expriment, sont rangés sur une même ligne horisontale. L'une des deux est-elle en excès sur l'autre ? les deux carac- tères sont au-dessus l'un de l'autre, & la subs- tance la plus abondante occupe le bas.

Nous ne suivrons pas MM. Hassenfratz & Adet dans le détail de leur travail, nous nous contenterons de rapporter un exemple : nous le tirerons du soufre & de ses combinaisons.

Le soufre dans leurs tables est exprimé par un demi-cercle ouvert en haut. Veulent-ils ex- primer que cette substance est fondue ? ils y joignent le caractère du calorique & le placent au milieu du corps du caractère. Veulent-ils exprimer que le soufre est dans l'état de vapeurs où de gaz ? le même caractère du calorique, placé plus bas, répond à cette indication.

Ils peuvent ensuite représenter le soufre acidifié, en le combinant avec le caractère de l'oxigène ; & suivant la position de ce dernier, ils peuvent désigner l'acide sulfureux, l'acide sulfurique ou vitriolique, & même l'acide sulfurique oxigéné, si toutefois cette dernière combinaison existe.

De la réunion des caractères des acides sulfureux ou sulfuriques avec différentes bases, se composent les caractères de tous les sels neutres, alkalins, terreux & métalliques, & MM. Hassenfratz & Adet expriment de même l'excès de l'acide ou de la base, par la position respective des caractères.

MM. Hassenfratz & Adet se sont attachés, dans leur travail, à n'exprimer que des faits, & à repousser toute hypothèse ; ils n'ont point admis, en conséquence, le phlogistique, dont l'existence ne leur a pas paru prouvée, & sans lequel d'ailleurs on peut expliquer les phénomènes de la chimie, & ils se sont trouvés conduits par la force même des choses, à adopter ce qu'on nomme la *théorie nouvelle*. Comme cette doctrine est devenue la nôtre , celle de quelques chimistes très-célèbres , & celle même d'une partie de l'Académie ; nous espérons qu'elle voudra bien permettre que nous profitions de cette circonstance pour la justifier à ses yeux & pour répondre aux objections par lesquelles on a prétendu la combattre. Cette discussion est d'autant plus nécessaire , elle est d'autant moins étrangère à l'objet de ce rapport , que le sort du travail de MM. Hassenfratz & Adet se trouve étroitement lié avec celui de la doctrine nouvelle.

Si on prend un corps solide , de la glace , par exemple , & qu'on l'échauffe , elle se convertira en eau ; & cette eau prendra la forme de vapeurs ou de gaz , si on l'expose à une chaleur de 80 degrés. On peut dire la même chose de presque tous les corps de la nature , ils sont solides , liquides ou aériformes , suivant le degré de chaleur auquel on les expose (*a*). La

____

(*a*) Voyez le mémoire sur la combinaison de la matière du feu avec les fluides évaporables , & sur la formation des fluides élastiques aériformes. *Mém. acad. des Sciences ,* année 1777 , *pag.* 420. Voyez *aussi même volume ,* pag. 595 *& suiv.*

physique moderne a même trouvé des méthodes
pour mesurer avec exactitude, le rapport des
quantités de chaleur néceffaire pour convertir
une partie des corps folides en liquides, & ceux-
ci en fluides aériformes (a).

En empruntant, pour exprimer ces faits, la
nouvelle nomenclature que nous avons adoptée,
nous dirons qu'un gaz ou fluide aériforme, eft
une combinaifon du calorique avec une fubftance quelconque; & en effet toutes les fois
qu'il y a formation de gaz, il y a emploi de
calorique; & réciproquement toutes les fois qu'un
gaz paffe à l'état folide ou fluide, la portion
de calorique néceffaire pour le conftituer dans
l'état de gaz, reparoît & devient libre (b).
Cet énoncé eft rigoureufement vrai, quelqu'idée qu'on attache au mot calorique, foit
qu'on le confidère comme un fluide élaftique
très-fubtil, foit qu'on le regarde comme une
modification (c).

____

(a) Voyez mémoire fur la chaleur. *Acad. des Sciences*,
année *1780, pag. 355.*

(b) Mém. acad. 1777, pag. 424.

(c) Nous ne diftinguons point ici le calorique de la
lumière, quoique cette diftinction fût cependant néceffaire;
mais nous avons craint d'interrompre le fil du raifonnement
par de trop longues difcuffions.

T iij

Nous ne nions pas qu'il n'exiſte du calorique dans les corps ſolides (*a*) ; prétendre le contraire, ce ſeroit aller contre l'évidence. Mais nous diſons que le même corps contient plus de calorique dans l'état liquide, qu'il n'en contenoit dans l'état ſolide, & plus encore lorſqu'il eſt porté à l'état aériforme. Nous ne connoiſſons point encore d'exception à ce principe général.

Il eſt donc néceſſaire de diſtinguer dans toute eſpèce de gaz, le calorique qui fait office de diſſolvant, & la ſubſtance qui lui eſt unie & qui lui ſert de baſe (*b*). L'air vital a donc ſa baſe, & c'eſt à cette baſe que nous donnons le nom d'*oxigène*. Nous diſtinguons également la baſe du gaz inflammable, & c'eſt elle que nous déſignons par le mot d'*hydrogène*. Nous ne dirons donc pas que l'air vital ſe combine avec les métaux, pour former les chaux métalliques ; cette manière de nous énoncer ne ſeroit pas ſuffiſamment exacte ; mais nous dirons que lorſqu'un métal eſt élevé à un certain degré de température, lorſque ſes molécules ont été

(*a*) Mém. acad. des Sciences, année 1783, p. 524 & ſuiv.

(*b*) Mém. acad. des Sciences, année 1777, p. 595 & ſuiv.

écartées jufqu'à un certain point les unes des autres par la chaleur, & que leur attraction a été fuffifamment diminuée, il devient fufceptible de décompofer l'air vital, d'enlever fa bafe, c'eft-à-dire, l'oxigène, au calorique, & qu'alors ce dernier devient libre. Cette explication de ce qui fe paffe dans la calcination n'eft point une hypothèfe, c'eft le réfultat des faits. Il y a plus de douze ans que les preuves en ont été mifes, par l'un de nous, fous les yeux de l'Académie, & qu'elles ont été vérifiées par une commiffion nombreufe (*a*). Il fut conftaté alors que lorfqu'on opéroit la calcination des métaux, foit fous des cloches de verre, foit dans des vaiffeaux fermés & dans des quantités connues d'air, il y avoit décompofition de l'air & que le métal fe trouvoit augmenté en poids d'une quantité rigoureufement la même que celle de l'air abforbé. Depuis il a été reconnu que lorfqu'on opéroit dans de l'air vital très-pur, on pouvoit l'abforber en entier ; que lorf-qu'on opéroit dans des vaiffeaux fcellés her-métiquement, la calcination étoit limitée par la quantité d'air contenu dans les vaiffeaux, mais

---

(*a*) *Voyez* Opufcules [chimiques de **M. Lavoifier**, chap. V & V I, deuxième partie.

T iv

que le vaisseau lui-même n'augmentoit, ni ne diminuoit de poids pendant l'opération (*a*). Enfin on a observé que plus la calcination du métal étoit rapide, plus le dégagement du calorique étoit prompt, & que la calcination du fer, par exemple, devenoit une véritable combustion, lorsqu'on l'opéroit dans l'air vital.

Il y a de même absorption totale de l'air vital, ou plûtot de l'oxigène qui forme sa base, dans la combustion du phosphore, & le poids de l'acide phosphorique qu'on obtient, se trouve rigoureusement égal au poids du phosphore, plus à celui de l'air vital, employé dans la combustion (*b*). Le même rapport des poids s'observe dans la combustion du gaz inflammable, & de l'air vital, dans celle du charbon (*c*), &c. Dans toutes ces opérations, le calorique & la lumière, qui tenoient l'oxigène en expansion, deviennent libres, avec cette circonstance remarquable cependant, qu'il y a plus de calorique dégagé dans la combustion du gaz inflammable,

---

(*a*) Mém. acad. année 1774, pag. 351 & suiv.

(*b*) *Voyez* Opuscules chimiques de M. Lavoisier, chap. IX, pag. 327, & Mém. acad. année 1777, p. 65 & suiv.

(*c*) Mém. acad. des Sciences, année 1781, pag. 448 & 468.

que dans celle du phofphore, par la raifon que les deux airs en fourniffent, tandis qu'au contraire il y en a moins de dégagé dans la combuftion du charbon, parce que le réfultat de cette combuftion étant de l'acide carbonique ou air fixe, il y a emploi de calorique pour le maintenir dans l'état aériforme.

Rien n'eft fuppofé dans ces explications, tout eft prouvé, le poids & la mefure à la main. Qu'eft-il donc befoin de recourir à un principe hypothétique qu'on fuppofe toujours, & qu'on ne prouve jamais ; qu'on eft obligé de regarder tantôt comme pefant, tantôt comme exempt de pefanteur, & auquel on eft quelquefois forcé de fuppofer même une pefanteur négative ; qui tantôt paffe, & tantôt ne paffe point à travers les vaiffeaux, qu'on n'ofe définir rigoureufement, parce que fon mérite & fa commodité confifte dans le vague même des définitions qu'on lui donne.

C'eft un beau fait fans doute, obfervé par Stalh, que la propriété de brûler peut fe tranfporter d'un corps dans un autre, fuivant de certaines loix & de certaines affinités ; mais aujourd'hui que nous reconnoiffons que la propriété de brûler n'eft autre chofe que la propriété qu'ont quelques fubftances de décomposer l'air vital, la grande affinité qu'elles ont pour l'oxigène ; l'observation générale de Stalh se réduit à ce simple énoncé : *qu'un corps cesse d'être combustible dès que son affinité pour l'oxigène est satisfaite, dès qu'il en est saturé ; mais qu'il redevient combustible, dès que l'oxigène lui a été enlevé par un autre corps qui a plus d'affinité avec ce principe.*

Un des points de la doctrine moderne, qui paroît le plus solidement établi, est la formation, la décomposition & la recomposition de l'eau ; & comment seroit-il possible d'en douter, quand on voit qu'en brûlant ensemble 15 grains de gaz inflammable & 85 d'air vital, on obtient exactement 100 grains d'eau, qu'on peut par voie de décomposition, retrouver ces deux mêmes principes & dans les mêmes proportions (*a*) ? Si on doutoit d'une vérité établie par des expériences si simples, si palpables, il n'y auroit plus rien de certain en physique ; il faudroit mettre en question, si le tartre vitriolé est réellement composé d'acide vitriolique & d'alkali fixe ; le sel ammoniac, d'acide marin & d'alkali volatil, &c. &c. Car les preuves

_____

(*a*) Voyez Mém. acad. année 1781, p. 269 & suiv. 468 & suiv.

que nous avons de la composition de ces sels
sont du même genre, & elles ne sont pas plus
rigoureuses que celles qui établissent la composition de l'eau.

Rien peut-être ne prouve mieux l'insuffi-
sance de la théorie ancienne, que les explications forcées qu'on a cherché à donner de ces
expériences.

L'eau, dit-on, qu'on obtient, étoit dans les
deux airs, dans les deux gaz qui ont servi à
la combustion (a). Mais 100 grains d'air ne
peuvent pas contenir 100 grains d'eau, autrement il faudroit dire que le gaz inflammable
est de l'eau, que l'air vital est de l'eau & que
ces deux fluides aériformes sont une même
chose, ce qui est contraire à l'évidence, puis-
qu'il est de principe que deux corps qui ont
des propriétés très-différentes, ne sont pas une
seule & même chose.

Il est d'ailleurs un autre genre d'expériences
qui détruit tout ce système d'explication ; c'est
la révivification des chaux métalliques dans le
gaz inflammable à l'aide du verre ardent. Si
l'on fait passer sous une cloche ou jarre remplie
de mercure & plongée dans du mercure une

______

(a) Voyez ci-dessus pages 249 & 250. .

pinte, c'est-à-dire deux grains de gaz inflammable (*a*), si on y introduit ensuite une chaux
métallique, & qu'on fasse tomber dessus le foyer
d'un verre ardent, le gaz inflammable est absorbé
en totalité, en même-temps le métal se revi-
vifie, & il se dépose une quantité assez considérable d'eau, tant sur les parois de la cloche
ou jarre, que sur la surface du mercure. On
n'a point encore déterminé par des expériences
exactes, la quantité d'eau qu'on obtient dans
cette opération ; mais il est au moins prouvé
qu'elle excede de beaucoup le poids du gaz
inflammable qu'on a employé ; elle ne pouvoit
donc être contenue dans ce gaz, & il seroit
absurde de supposer que deux grains de gaz
inflammable pussent tenir huit ou dix grains,
& même plus, d'eau en dissolution.

On a déduit des phénomènes qui ont lieu
dans l'atmosphère un autre argument, qui n'est
pas plus concluant (*b*) : on a observé « que
» lorsque dans un orage d'été, le ciel déjà
» obscurci par un amas de nuages épais, som-
» bres & entassés, une décharge subite du
» tonnerre rompt tout-à-coup cette combi-

____

(*a*) Expériences du docteur Priestley.
(*b*) Voyez ci-dessus page 259.

» naifon, lorfqu'en un clin-d'œil cet immenfe
» nuage crêve, fond & couvre la terre d'un
» déluge d'eau, ce n'eft point là une généra-
» tion. N'eft-il pas plus naturel de penfer que
» cette eau diffoute d'abord & volatilifée par
» les chaleurs de l'été, mife ainfi dans un
» état d'expanfion dans l'atmofphere à l'aide
» de cette même chaleur & des différens états
» dans lefquels cetté matière fi active, fi fu-
» bite, fi légère, fi avide de combinaifon,
» peut entrer, fe trouve précipitée de ces com-
» binaifons diverfes par la forte décharge élec-
» trique, qui fe fait dans le nuage & que nous
» voyons fubitement produire cet effet ». On
infère de ces réflexions que l'eau qu'on obtient
dans la combuftion du gaz inflammable & de
l'air vital, pourroit bien n'être, de même, que
le dégagement de l'eau tenue en diffolution dans
les deux airs.

C'eft ici le cas de nier la conféquence & la
parité. Dans les expériences fur la formation
de l'eau par la combuftion des deux airs, on
obtient de l'eau poids pour poids. Il s'en faut
bien qu'il en foit ainfi dans l'exemple que l'on
cite ; à peine dans les plus violens orages,
tombe-t-il un pouce d'eau, & quand on fup-
poferoit même qu'il pût en tomber beaucoup

davantage ; quand on suppoſeroit que l'air de
l'atmoſphère peut ſe dépouiller de la totalité
de l'eau qu'il contient ; cette quantité, d'après
les expériences de M. de Sauſſure, ne ſeroit
encore que d'un cinquantième de ſon poids. Il
reſteroit donc dans le réſultat de cette grande
expérience un réſidu de quarante-neuf parties
ſur cinquante, tandis que dans la combuſtion
des deux airs il n'y a point de réſidu, au moins
s'ils ſont purs, & que le poids de l'eau, comme
nous l'avons dit, eſt exactement égal à celui
des deux airs. On peut donc raiſonnablement
ſuppoſer que l'eau qui ſe dégage dans les
orages, étoit tenue en diſſolution dans l'air, &
qu'une cauſe quelconque en a opéré la préci-
pitation ; mais on ne peut pas ſuppoſer la même
choſe dans le ſecond cas, parce qu'une diſſolution ne peut s'opérer ſans un diſſolvant, &
que la ſubſtance diſſoute, qui eſt l'eau, égalant
la totalité du poids, il faudroit ſuppoſer qu'il
y a dans le gaz inflammable & dans l'air vital
deux diſſolvans de l'eau, chacun de nature différente ; que tous deux fuſſent exempts de
poids, ſuppoſition purement gratuite qui ne
cadre point avec les autres faits que nous connoiſſons & qu'il ſeroit plus difficile d'admettre
que la compoſition de l'eau elle-même.

Ce n'eſt point au ſurplus par voie de recom-
poſition ſeulement , qu'on eſt parvenu à reconnoître que l'eau eſt une ſubſtance compoſée ,
& à déterminer la nature des principes qui
entrent dans ſa combinaiſon. On les retrouve
par voie d'analyſe ou de décompoſition , en
ſorte qu'on eſt parvenu ſur ce point au com-
plément de la preuve chimique. Il ſuffit de
préſenter à l'eau un corps qui ait une grande
affinité, ſoit avec l'hydrogène ou baſe du gaz
inflammable , ſoit avec l'oxigène ou baſe de
l'air vital, pour opérer la ſéparation des parties
conſtitutives de l'eau ; elle ſe décompoſe &
celui de ſes deux principes , qui n'a point été
engagé dans la nouvelle combinaiſon, s'unit avec
le calorique & ſe montre ſous la forme de gaz (a).
Les grands phénomènes de la nutrition & de
l'accroiſſement des animaux & des végétaux,
ceux des diverſes eſpèces de fermentations , &c.
nous fourniſſent des exemples multipliés de ces
décompoſitions.

M. Cavendish , M. Kirvan & quelques autres
ne s'accordent point entièrement avec nous
ſur la nature des principes conſtitutifs de l'eau ;
ils ont imaginé différentes hypothèſes ſur la

(a) Mém. acad. des Sciences, année 1781 p. 468.

nature & la composition du gaz inflammable,
& de l'air vital. Quant à nous qui nous sommes
fait une loi de ne rien conclure au - delà des
faits, nous nous contentons de dire que l'eau
est un composé de la base de l'air vital & de
celle du gaz inflammable, d'oxigène & d'hydrogène, & en nous tenant dans ces termes,
nous sommes assurés de ne point commettre une
erreur.

Nous passons à la théorie de l'acidification,
si toutefois on peut donner le nom de théorie
à une vérité de fait & d'observation qui, par
sa généralité, peut être regardée comme une
loi constante de la nature. Nous ne sommes
pas encore parvenus à décomposer & à recom-
poser tous les acides; mais au moins nous
sommes assurés que l'oxigène est un principe
commun, & nécessaire à la formation de tous
ceux dont nous connoissons la composition.
Ainsi il est de fait, & des expériences rigoureuses le prouvent, que le soufre ne peut se
convertir en acide sulfurique ou vitriolique,
qu'autant qu'on lui combine une fois & demie
son poids de base de l'air vital ou d'oxigène,
que de même le phosphore ne devient acide
phosphorique & le charbon acide carbonique
ou air fixe, qu'autant qu'on les combine avec

deux

deux parties & demie d'oxigène, &c. Jufques-
là la doctrine nouvelle de l'acidification n'eft,
comme l'on voit, que l'expofition d'un fait ;
mais lorfque de ces faits particuliers, elle tire
la conféquence générale que l'oxigène eft un
principe commun à tous les acides, elle eft
déterminée à cette conféquence par l'analogie,
& c'eft alors que commence la théorie ; mais
les expériences qui fe multiplient tous les jours,
lui donnent uue probabilité de plus en plus
grande, & nous ne croyons pas que ce foit une
des parties des moins importantes de la nouvelle doctrine (a).

On nous oppofe que nous n'expliquons pas
dans la théorie de l'acidification, comment
« l'oxigène, bafe de l'air vital, en s'uniffant
» à un être fimple, le foufre, forme l'acide
» vitriolique, tandis qu'une très-petite portion
» de ce même oxigène, uni au foufre, en fait
» un être gazeux, un être fi volatil, en un mot,
» l'acide fulfureux (b) »? Mais explique-t-on
mieux dans l'ancienne théorie comment le même
phlogiftique qui, dans le foufre, rend l'acide

(a) *Voyez* Opufcules phyfiques & chimiques, ch. IX.
Mém. Acad. année 1776, p. 671, année 1777, p. 65
& 594, année 1778, p. 555.

(b) Voyez ci-deffus page 248.

vitriolique concret folide, inodore & infipide, rend ce même foufre éminemment volatil & d'une odeur fuffoquante dans l'acide fulfureux ? D'ailleurs dans la formation des acides fulfureux & fulfuriques, ainfi que de tous ceux qui font le réfultat de la combuftion, ou pour parler plus exactement, de la combinaifon avec l'oxigène, nous n'expliquons pas & nous n'en avons pas la prétention; nous prouvons que cela eft ainfi, & nous le prouvons par des expériences publiées il y a plus de douze ans, répétées par un grand nombre de phyficiens, & qui n'ont point été contredites. Les partifans au contraire de l'ancienne théorie ne prouvent pas, mais, pour nous fervir de leurs propres expreffions, *ils expliquent comme ils peuvent à l'aide du phlogiftique* (a); puis ils ajoutent, & ce font encore leurs propres paroles : « La théorie nouvelle, il ne faut point le diffimuler, a pour-
» tant fes avantages fur l'ancienne, elle fuit de
» plus près la marche des principes des corps;
» par exemple, le principe vital, cet aliment
» de la vie & de la flamme, qui paffe de l'air
» dans les acides, des acides dans les différentes
» combinaifons, l'art le retire encore de ces

____

(a) Voyez ci-deffus page 245.

» dernières & le fait reparoître fous fa forme
» première d'air vital ; elle doit fes grands avan-
» tages à la précifion, au calcul enfin auquel
» la perfection de nos appareils ont foumis
» l'analyfe ».

Après un aveu fi formel, fi propre à flatter
notre amour-propre, nous ferions tentés de ne
rien ajouter : cependant qu'il nous foit encore
permis d'obferver que la doctrine du phlogiftique, qu'on qualifie de théorie ancienne, eft
plus moderne que ce qu'on appelle théorie
nouvelle. Ce n'eft plus la théorie de Beccher
& de Sthal qu'on enfeigne aujourd'hui, les découvertes modernes ont obligé de la modifier,
de la changer, en forte qu'il ne refte prefque
plus rien de cet antique édifice ; de courtes
réflexions vont le faire fentir.

Le principe introduit dans la chimie fous le
nom de principe inflammable, de *phlogifton*,
de *phlogiftique* étoit un principe fixe, pefant,
une véritable terre. M. Macquer dans fes derniers ouvrages, a abandonné abfolument ce fyftême ; c'eft un principe fubtil, qui n'a point
de pefanteur fenfible, en un mot, c'eft la lumière qu'il a défignée fous le nom de phlogiftique. Ainfi M. Macquer a confervé le nom
fans conferver la chofe, & on voit qu'il eft un

V ij

des premiers qui ait abandonné la doctrine de Beccher & de Stahl.

M. Baumé a adopté une autre opinion ou plutôt une autre hypothèse, en quelque façon mitoyenne, entre celles de Stahl & de Macquer. Il regarde le phlogistique comme une combinaison du feu avec une substance terreuse. Cette combinaison peut exister suivant lui dans une infinité de proportions, & il en résulte différentes especes de phlogistiques depuis le feu pur, qui est sensiblement exempt de pesanteur, jusqu'au phlogistique le plus terreux qui est en même-temps le plus pesant. Cette doctrine est encore fort différente de celle de Beccher & de Stahl; mais on conçoit en même-temps, combien un principe, qui se prête ainsi à tout, est commode pour expliquer tout; c'est un Protée qui se présente sous toutes les formes, & qui échappe au raisonnement comme à l'expérience, au moment où l'on croit être prêt de le saisir.

M. Kirwan & quelques autres ont cru voir dans le gaz inflammable toutes les propriétés qu'on avoit attribuées avant eux au phlogistique. Ils ont, comme M. Macquer, conservé le nom sans conserver la chose; mais comme le gaz inflammable est une substance réelle, dont les propriétés sont bien connues, qui a une pesanteur déterminée , qui entre dans un grand nombre de combinaisons , cette hypothèse ne présentera pas les mêmes ressources à ses défenseurs , & il ne nous sera pas difficile de prouver qu'il n'existe pas de gaz inflammable , ni dans le soufre , ni dans le phosphore , ni dans le charbon pur , ni dans les métaux ; que l'air inflammable ne s'y rencontre qu'accidentellement & en raison de l'affinité qu'ont les substances combustibles les unes avec les autres , mais qu'elle n'est point essentielle à leur existence , & qu'on peut l'en séparer , sans altérer leurs propriétés constitutives.

Il est évident que toutes ces théories n'ont de commun entr'elles que le mot de phlogistique qu'elles ont conservé , & qui est en quelque façon leur terme de ralliement ; que le phlogistique des François n'est point celui des Allemands , moins encore celui des Anglois ; & que ces différentes théories , loin de pouvoir être appellées *anciennes* , sont au contraire plus modernes même que la doctrine que l'on caractérise sous le nom de *théorie nouvelle*.

Nous n'inférons point de tout ce que nous venons d'exposer , que l'Académie doive adopter ou rejetter , ni la doctrine du phlogistique , ni celle qu'on y a substituée ; nous ne croyons pas

même qu'elle doive adopter nos propres réflexions. Si l'Académie se rendoit responsable
de tout ce que contiennent les rapports qui
lui sont faits, il en faudroit conclure qu'elle
est continuellement errante d'opinions en opinions, successivement Carthésienne & Newto-
nienne, persuadée avec Lémery que le feu pur
est pesant, & que c'est lui qui augmente le
poids des chaux métalliques, persuadée au
contraire avec les disciples de Stahl, que les
métaux en se calcinant, perdent de la matière
du feu ou du phlogistique; on la verroit adopter
avec M. l'abbé Nollet, les deux courans élec-
triques, & avec MM. Francklin & le Roy, l'élec-
tricité positive & négative; bien plus, il faudroit en conclure que dès 1773, elle avoit
adopté la doctrine que nous défendons, parce
que MM. Macquer, le Roy, de Montigny &
de Trudaine voulurent bien faire un rapport
favorable de l'ouvrage de l'un de nous, dans
lequel il en posoit les premiers fondemens. Enfin
il faudroit conclure que l'Académie parle tantôt
un langage & tantôt un autre; qu'elle croit à
une de ses séances à l'existence du phlogistique,
& qu'elle n'y croit pas à une autre; qu'elle adopte
la nouvelle nomenclature & qu'elle la rejette,
puisque depuis plusieurs années il lui est fait

journellement des rapports dans chacune des deux doctrines, dans chacune des deux nomenclatures, & que ces rapports ont été approuvés.

Quelqu'agréable, quelque honorable même qu'il fût pour nous de voir adopter par l'Académie la doctrine que nous professons, nous ne nous flattons pas qu'elle ait obtenu son suffrage, & nous n'avons pas eu même l'ambition de le demander. Nous savons qu'elle est un juge impartial, impassible; qu'elle applaudit aux efforts qui se font sous ses yeux, pour détruire les erreurs & les préjugés, pour étendre le domaine de la vérité; mais qu'elle est lente à prononcer. C'est dans la confiance que nous avons dans la sagesse de ses principes, que nous espérons qu'elle continuera de voir avec quelque bienveillance, une doctrine nouvelle élevée & formée dans son sein, qui a déjà coûté près de vingt ans de travaux, que la force du raisonnement & des faits a obligé plusieurs célèbres chimistes d'adopter, en faveur de laquelle un beaucoup plus grand nombre paroissent au moment de se décider.

Nous ne pouvons donc désapprouver MM. Hassenfratz & Adet, d'avoir adapté les nouveaux signes à la nouvelle nomenclature; nous n'examinerons point ici jusqu'à quel point l'ufage des caractères & des fignes peut être utile dans la chimie ; mais nous croyons que ceux que MM. Haffenfratz & Adet propofent d'adopter, font beaucoup préférables aux anciens, qu'ils ont le grand mérite de peindre aux yeux, non des mots, mais des faits, & de donner des idées juftes des combinaifons qu'ils repréfentent. Leur méthode nous paroît avoir encore un avantage ; elle fixera d'avance les caractères qui devront repréfenter les fubftances qui feront découvertes, en forte qu'il n'y aura plus d'arbitraire dans la formation des fignes, & qu'une table complette de ces caractères, préfentera en même-temps ce qui eft fait en chimie & ce qui refte à faire.

Nous croyons donc que le travail de MM. Haffenfratz & Adet, mérite l'approbation de l'Académie, & d'être imprimé fous fon privilège.

Fait à l'Académie, le 27 Juin 1787. *Signé,* LAVOISIER, BERTHOLET, DE FOURCROY.

Je certifie cet extrait conforme à l'original & au jugement de l'Académie. Ce 27 Juin 1787. *Signé,* le Marquis DE CONDORCET.

F I N.

TABLE.

Fin de la Table.

De l'Imprimerie de CHARDON, rue de la Harpe, 1787.

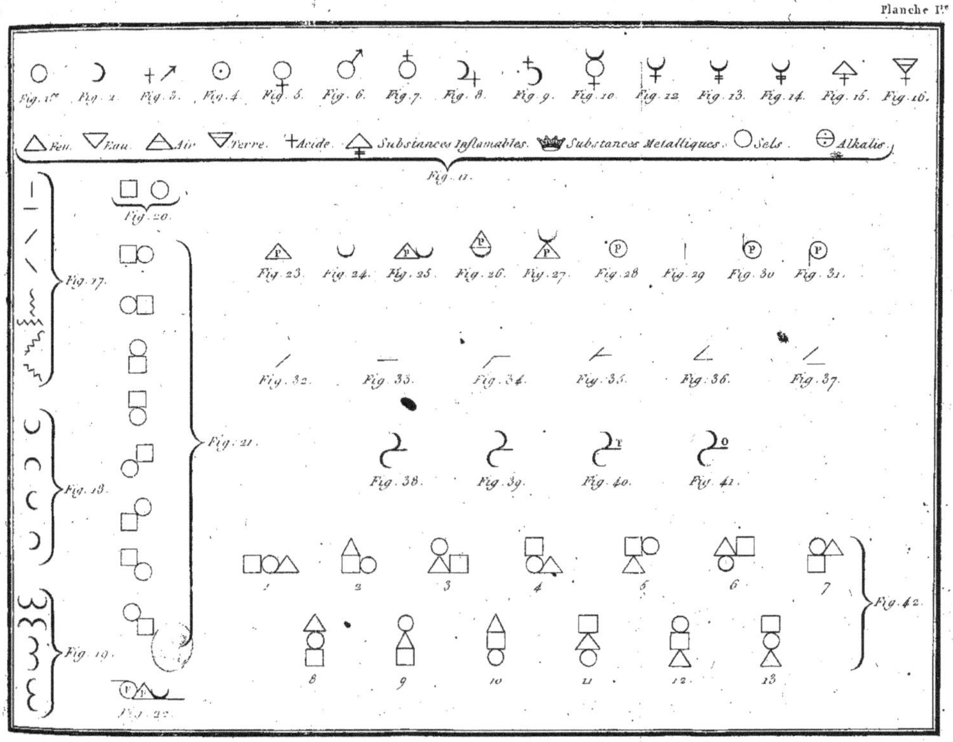

Fig. 1.ʳ Fig. 2. Fig. 3. Fig. 4. Fig. 5. Fig. 6. Fig. 7. Fig. 8. Fig. 9. Fig. 10. Fig. 11. Fig. 12. Fig. 13. Fig. 14. Fig. 15. Fig. 16.

△ Feu. ▽ Eau. △ Air. ▽ Terre. + Acide. △ Substances Inflamables. ♛ Substances Metalliques. ◯ Sels. ⊕ Alkalis.

Fig. 17.

Fig. 20.

Fig. 17.

Fig. 23. Fig. 24. Fig. 25. Fig. 26. Fig. 27. Fig. 28. Fig. 29. Fig. 30. Fig. 31.

Fig. 18.

Fig. 21.

Fig. 32. Fig. 33. Fig. 34. Fig. 35. Fig. 36. Fig. 37.

Fig. 38. Fig. 39. Fig. 40. Fig. 41.

1 2 3 4 5 6 7

Fig. 19.

8 9 10 11 12 13

Fig. 42.

Fig. 22.

IIᵉ. TABLEAU DES COMBINAISONS DU CALORIQUE
avec les différentes Substances Simples pour former les Trois États des Corps: Solide, Liquide et Aériforme.

	Solide	Liquide	Aériforme
Azote			
Potasse			
Soude			
Baryte			
Chaux			
Magnésie			
Alumine			
Silice			
Hidrogène			
Carbone			
Soufre			
Phosphore			
Or			
Platine			
Argent			
Mercure			
Etain			

	Solide	Liquide	Aériforme
Cuivre			
Plomb			
Fer			
Zinc			
Manganese			
Nickel			
Bismuth			
Antimoine			
Arsenic			
Molybdène			
Tunstène			
Radical Muriatique			
—Boracique			
—Fluorique			
—Succinique			
—Acéteux			
—Tartareux			

	Solide	Liquide	Aériforme
Radical Pyro-tartareux			
—Oxalique			
—Gallique			
—Citrique			
—Malique			
—Benzoïque			
—Pyro-ligneux			
—Camphorique			
—Lactique			
—Saclactique			
—Formique			
—Prussique			
—Sébacique			
—Bombique			
—Lithique			
Ether			
Alkool			

IIIᵉ TABLEAU des Combinaisons connues de l'Oxigène et du Calorique avec différents Corps.							
Gas nitreux		Gas Acide Muriatique Oxigéné	[M]	Acide Saccho-lactique concret	[Sl]	Oxide de Mercure	(H)
Gas Acide nitreux		Acide Muriatique Oxigéné liquide	[M]	Acide Formique liquide	[Fo]	Oxide d'Argent	(A)
Acide nitreux		Acide Muriatique Oxigéné concret	[M]	Gas Acide Prussique	[P]	Oxide d'Or	(O)
Acide nitrique		Acide Boracique concret	[B]	Acide Sébacique liquide	[Sé]	Oxide de Platine	(P)
Acide nitrique Oxigéné		Gas Acide fluorique	[F]	Acide Bombique liquide	[Bo]		
Glace		Acide Succinique concret	[S]	Oxide de Tunstène	(T)		
Eau		Acide Tartareux liquide	[T]	Acide Tunstique	(T)		
Vapeurs d'Eau		Acide Tartareux concret	[T]	Oxide de Molibdène	(M)		
Gas Acide Carbonique		Acide Pyro-tartareux liquide	[P]	Acide Molibdique concret	(Ml)		
Gas Oxide Sulfureux		Acide Acéteux liquide	[A]	Oxide d'Arsenic	(As)		
Gas Acide Sulfureux		Gas Acide Acéteux	[A]	Acide Arsenique concret	(Aa)		
Acide Sulfureux		Acide Acétique liquide	[A]	Oxide de Cobalt	(K)		
Acide Sulfurique liquide		Acide Oxalique concret	[O]	Oxide d'Antimoine	(Sb)		
Acide Sulfurique concret		Acide Gallique liquide	[G]	Oxide de Bismuth	(B)		
Acide Phosphoreux concret		Acide Citrique liquide	[C]	Oxide de Nickel	(N)		
Acide Phosphoreux liquide		Acide Malique liquide	[M]	Oxide de Manganese	(M)		
Acide Phosphorique liquide		Acide Benzoïque concret	[Bz]	Oxide de Zinc	(Z)		
Acide Muriatique liquide	[M]	Acide Pyroligneux liquide	[P]	Oxide de Fer	(F)		
Gas Acide Muriatique	[M]	Acide Pyromuqueux liquide	[Pm]	Oxide de Plomb	(P)		
		Acide Camphorique concret	[Cm]	Oxide de Cuivre	(C)		
		Acide Lactique liquide	[L]	Oxide d'Etain	(S)		

Gas Ammoniacal	Sulfure de Cuivre	Alliage d'Etain et Cuivre
Ammoniaque Concrète	Sulfure de Plomb	— d'Etain et Plomb
Gas Azotique Carboneux	Sulfure de Fer	— Fer et Manganèse
Gas Azotique Sulfureux	Sulfure de Zinc	— Fer et Nickel
Gas Hidrogène Carboneux	Sulfure de Nickel	
Gas Hidrogène Sulfureux	Sulfure de Bismuth	Carbure de Fer
Gas Hidrogène Phosphoreux	Sulfure d'Antimoine	
Sulfure de Potasse	Sulfure de Cobalt	
Sulfure de Soude	Sulfure d'Arsenic	
Sulfure de Baryte	Sulfure de Molybdène	
Sulfure de Chaux	Phosphure de Plomb	
Sulfure d'Alumine	Phosphure de Fer	
Sulfure d'Or	Alliage de Platine et Or	
Sulfure d'Argent	— de Platine et Argent	
Sulfure de Mercure	— d'Or et Argent	
Sulfure d'Etain	— d'Or et Cuivre	
	Amalgame d'Or	
	— d'Argent	
	— de Cuivre	
	— d'Etain	

Vᵐᵉ TABLEAU. COMBINAISONS TROIS A TROIS DE QUELQUES SUBSTEUTRES.

On a fait Abstraction du Calorique dans ces Combinaisons parce qu'elles sont toutes supposées à l'État S[olide]. — Combinaisons quatre à quatre.

Acétate Calcaire	Benzoate de Potasse	Lactate de Soude	Phosphate de Potasse	[Su]lfate de Cobalt
Acétate d'Alumine	Benzoate Ammoniacal	Lactate Amoniacal	Phosphate de Soude	[Su]lfate d'Arsenic
Acétate de Magnesie	Benzoate Calcaire	Lactate de Chaux	Phosphate Ammoniacal	[Su]lfate de Molybdene
Acétate de Potasse	Borate de Soude	Gallate de Potasse	Phosphate de Chaux	[Su]lfate de Tunstène
Acétate de Soude	Borate Ammoniacal	Malate de Potasse	Phosphate de Fer	[Su]ccinate de Potasse
Acétate de Cuivre	Borate Calcaire	Muriate de Potasse	Phosphite de Soude	[A]rseniate de Potasse
Acétate de Fer	Camphorate de Potasse	Muriate de Soude	Prussiate de Fer	[A]rseniate Acidule de Potasse
Acétite Ammoniacal	Camphorate Ammoniacal	Muriate Ammoniacal	Pyrotartrite de Potasse	[Ar]seniate de Potasse avec excès de base
Acétite de Potasse	Camphorate Calcaire	Muriate Barytique	Pyromucite de Soude	[M]olybdate de Soude
Acétite Calcaire	Citrate de Soude	Muriate de Fer	Pyrolignite d'Ammon[iaque]	[T]unstate Ammoniacal
Bombiate de Potasse	Citrate Ammoniacal	Muriate Oxigéné de Soude	Saccho-late de Pot[asse]	[T]unstat Calcaire
Bombiate Ammoniacal	Citrate Calcaire	Nitrate de Potasse ou Nitre	Sebate de Soude	[L]ithiate de Potasse
Bombiate Calcaire	Fluate de Potasse	Nitrate de Soude	Sulfite de Potasse	
Carbonate de Potasse	Fluate d'Ammoniaque	Nitrate Ammoniacal	Sulfate de Potasse	
Carbonate de Soude	Fluate de Chaux	Nitrate Barytique	Sulfate Acidule de Pot[asse]	
Carbonate Ammoniacal	Formiate de Soude	Nitrate d'Argent	Sulfate de Potasse avec excès de base	
Carbonate Calcaire	Formiate Ammoniacal	Nitrite de Potasse	Sulfate de Soude	
Carbonate Barytique	Formiate Calcaire	Oxalate de Potasse	Sulfate Acidule de Soude	
Carbonate Magnésien		Oxalate acidule de Potasse	Sulfate de Soude avec excès de base	
Carbonate de Fer				

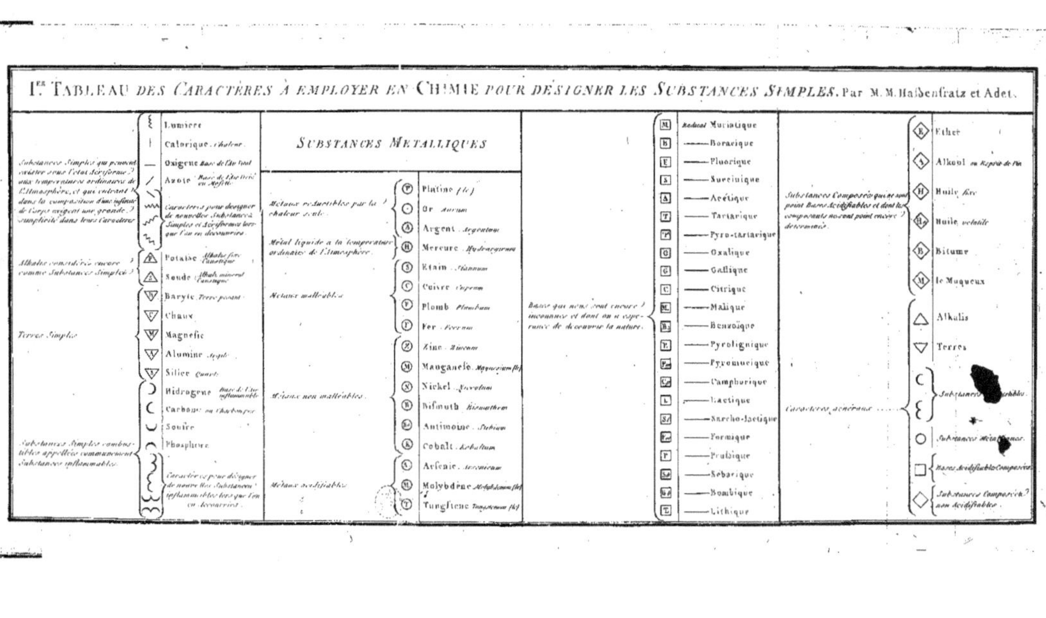

Iᵉʳ TABLEAU DES CARACTÈRES À EMPLOYER EN CHIMIE POUR DÉSIGNER LES SUBSTANCES SIMPLES. Par M.M. Hassenfratz et Adet.

Lumière
Calorique, chaleur
Oxigène, Base de l'Air vital
Azote, Base de l'Air vital en Mofette
Caractères pour désigner de nouvelles Substances Simples et Aériformes lorsque l'on en découvrira
Potasse, Alkali fixe végétal
Soude, Alkali minéral fossile
Baryte, Terre pesante
Chaux
Magnésie
Alumine, Argile
Silice, Quartz
Hidrogène, Base de l'air inflammable
Carbone ou charbon pur
Soufre
Phosphore
Caractère pour désigner de nouvelles Substances inflammables lorsque l'on en découvrira.

Substances Simples qui peuvent exister sous l'état Aériforme aux températures ordinaires de l'Atmosphère, et qui entrent dans la composition d'une infinité de Corps exigent une grande simplicité dans leurs Caractères
Alkalis considérés encore comme Substances Simples
Terres Simples
Substances Simples combustibles appellées communément Substances inflammables.

SUBSTANCES MÉTALLIQUES
Métaux réductibles par la chaleur seule:
P — Platine (le)
O — Or, Aurum
A — Argent, Argentum
Métal liquide a la température ordinaire de l'Atmosphère:
H — Mercure, Hydrargyrum
Métaux malléables:
S — Etain, Stannum
C — Cuivre, Cuprum
P — Plomb, Plumbum
F — Fer, Ferrum
Métaux non malléables:
Z — Zinc, Zincum
M — Manganèse, Magnesium (fl)
N — Nickel, Javelum
B — Bismuth, Bismuthum
St — Antimoine, Stibium
K — Cobalt, Kobaltum
Métaux acidifiables:
A — Arsenic, Arsenicum
M — Molybdène, Molybdenum (fl)
T — Tungstène, Tungstenum (fl)

M — Radical Muriatique
B — ——— Boracique
F — ——— Fluorique
S — ——— Succinique
A — ——— Acétique
T — ——— Tartarique
P — ——— Pyro-tartarique
O — ——— Oxalique
G — ——— Gallique
C — ——— Citrique
M — ——— Malique
B — ——— Benzoïque
P — ——— Pyrolignique
P — ——— Pyromucique
C — ——— Camphorique
L — ——— Lactique
Sl — ——— Saccho-lactique
F — ——— Formique
P — ——— Prussique
Sé — ——— Sébacique
Bâ — ——— Bombique
L — ——— Lithique

Bases qui sont encore inconnues et dont on se expérance de découvrir la nature.

Substances Composées qui ne sont point Bases Acidifiables et dont les composants ne sont point encore déterminés.
E — Ether
A — Alkool ou Esprit de Vin
H — Huile fixe
Hᵥ — Huile volatile
B — Bitume
M — le Muqueux

△ — Alkalis
▽ — Terres
Caractères généraux
Substances destructibles
○ — Substances métalliques
□ — Bases Acidifiables Composées
◇ — Substances Composées non Acidifiables

INVENTAIRE
R 43726
R 43726

www.ingramcontent.com/pod-product-compliance
Lightning Source LLC
Chambersburg PA
CBHW051233050726
47594CB00001B/149